纺织服装高等教育"十二五"部委级规划教材

经典男装 第二版

纸样设计

孙兆全 编著

Classic Men's Wear Pattern Making

东华大学出版社

内容简介

男装纸样设计是服装工艺技术的关键环节,起着从款式设计到实现产品的桥梁作用。本书根据学习者的需要,集多年的教学经验,从构建的男装理论入手,简明科学地阐述了男装结构的原理。在此基础上结合现代男装的实用着装要求和流行服装的造型特点,展开应用的分析与研究,并结合各类示例深入浅出地讲授具体的男装纸样制图方法。

本书图文并茂,虽有理论高度但通俗易懂,可供服装院校师生、服装行业技术人员及服装爱好者学习与参考。

图书在版编目(CIP)数据

经典男装纸样设计/孙兆全编著. —2 版. —上海:东华
大学出版社,2011.12(2013.1重印)
ISBN 978—7—81111—502—4

Ⅰ.经... Ⅱ.①孙... Ⅲ.①男服—纸样设计 Ⅳ.
TS941.718

中国版本图书馆 CIP 数据核字(2011)第 273217 号

责任编辑 谢 未
封面设计 黄 翠

经典男装纸样设计(第二版)
孙兆全编著
东华大学出版社出版
上海市延安西路 1882 号
邮政编码:200051 电话:(021)62193056
新华书店上海发行所发行 苏州望电印刷有限公司印刷
开本:889×1194 1/16 印张:13.75 字数:475 千字
2012 年 1 月第 2 版 2013 年 1 月第 2 次印刷
印数:4 001~7 000
ISBN 978—7—81111—502—4/TS·303
定价:29.80 元

前　言

　　男装近年来发展很快,但男装的结构设计原理和服装实用制板、工艺技术在中国却没有一套较完备的科学的应用理论。由于男装相对女装来说变化少,长期以来针对中国男子服装结构理论、制板、工艺技术的突破性研究的书籍很少,这一因素在一定程度上成为影响中国男装发展的瓶颈。

　　笔者在多年从事男装制板与工艺教学的过程中,并在长期参与国内外男装结构科研课题的研究基础上,建立了一套男西服和其他男式服装的纸样设计理论,称为男子比例原型理论构成法。按照这一男装结构设计原理所展开的制板、推板、工艺技术的科学与系统性较强,易于加深对男装结构理论认识的学习与提高,比过去长期以来靠经验和简单机械模仿西式裁剪的方法有了长足的进步。

　　本书重点以男子比例原型为主线进行平面构成理论的分析,根据这一原理,展开男西服和其他款式实际制板及工艺方法的深化学习,并结合男装高级定制与实例进行全面系统的讲授,能使学习者正确解决男装结构理论问题并尽快应用于实践,掌握现代服装新技术的发展趋势。该方法通过服装专业本科与硕士研究生的教学实践检验,效果很好。其方法在应用环节中也得到男装行业的高度评价。

　　本书是从事服装专业的各类院校学生和专业技术人员学习与再提高的教材,也可作为服装爱好者的参考教材。

孙兆全

2012 年 1 月

Contents 目录

第一章　现代男装构成及造型特点

　　第一节　男装款式造型特征 /1
　　第二节　男装设计分类与特点 /1

第二章　男人体与男装结构

　　第一节　服装纸样平面结构设计 /4
　　第二节　男人体体型特征 /5
　　第三节　人体与服装 /7
　　第四节　中国男子服装国家号型标准 /11
　　第五节　人体测量与服装应用测量 /14
　　第六节　现代男装结构立体构成观念 /20
　　第七节　制图工具和制图符号 /21

第三章　男装结构设计原理

　　第一节　男装结构设计的依据 /24
　　第二节　结构制图的选择 /24
　　第三节　标准男装结构构成 /25
　　第四节　立体化平面纸样设计的科学性 /30
　　第五节　标准男上体比例原型的建立 /31
　　第六节　不同原型的设计理念比较 /34
　　第七节　标准男下体结构展开的原理 /38
　　第八节　男装衣领、袖子关键部位的结构设计 /43

第四章　典型男装纸样设计

　　第一节　采用比例原型设计男西装基本纸样 /53
　　第二节　男西服实用纸样设计 /58
　　第三节　男装款式变化及纸样设计 /65
　　第四节　现代男西服版型变化方法 /71

C ontents

第五节 男上装类一般服装的弊病及纸样修正 /91

第六节 特殊体型男西服纸样处理方法 /95

第七节 衬衫纸样设计与技术 /105

第八节 男马甲纸样设计与技术 /115

第九节 裤子纸样设计与技术 /126

第十节 男外套纸样设计与技术 /135

第十一节 生活装、休闲装纸样设计与技术 /147

第五章 男装纸样与工艺设计

第一节 男西服工艺设计 /160

第二节 男西服缝制工艺 /162

第六章 典型男装推板方法

第一节 服装推板基本概念 /189

第二节 服装样板推板原理与方法 /189

第三节 男西服样板推板方法 /191

第四节 男礼服大衣样板推板方法 /195

第五节 男西裤样板推板方法 /199

第六节 插肩袖茄克衫推板方法 /202

第七节 男装样板放缩保型性研究 /205

第一章

现代男装构成及造型特点

第一节　男装款式造型特征

随着科学技术的发展,物质生活的提高,人们的衣着日趋现代化、国际化。改革开放后的中国服饰文化发生了翻天覆地的变化,人们更加追求生活的多样性。现代西式服装及西方人的着装方式已经广泛影响着我们的现代日常生活。尤其是男装,在大多数地区无论是款式造型、着装方法、形式,基本与西方人没有太大的区别。

现代男装款式造型,主要以着装要求为依据,这是由社会渐进发展的服饰历史文化所决定的。发达社会普遍认同男士着装强调 TPO 原则,即时间(Time)、地点(Place)、场合(Occasion),这也就在一定意义上规范了男子服装的造型与款式结构。在与国际化接轨的今天,男装款式充分体现出时代精神。特定的人穿衣时除要考虑什么时间穿、什么地方穿、什么场合穿、为了什么穿等因素外,还要注重体现自身的个性与内涵,因此男装也越来越呈现出丰富多彩的特点。例如男西服过去一向以礼服正装的形式出现,但近年来受生活环境、生活方式、服饰流行趋势影响而出现的休闲男西服,无论其着装形式、方法、色彩、面料、版型结构、工艺等都以全新的面貌出现,由于这类服装在生活中穿着的舒适性和能较充分张扬个性特征,越来越受到男士们的青睐。

但现代西式男装由于历史的缘故,相对女装来说其变化还是较少,它的构成与男士的社会角色、工作生活需要、男士的身心外形及心理状态息息相关,因此这些因素都相应影响男装的构成与造型特点,学习研究男装结构则必须认识、把握这些因素,才能做到有的放矢。

第二节　男装设计分类与特点

现代男装设计要充分考虑男子服装的社会性、服装的文化性、服装的审美性等特点。

一、礼服

礼仪正装要彰显出男装的庄重、自律性和内涵。

最正统的西服样式,上衣与裤子以及背心都是用相同的面料缝制而成,并且由西服、领带、背心三件套组成,给人留下肃穆、端庄的印象,适宜于正式场合以及礼仪性活动。西服分为两件套和三件套两种,同时它受到 TPO 原则的制约,分为夜礼服、日礼服、晨礼服、燕尾服。

男士的夜礼服,一般是黑色或近似黑色的蓝色无尾礼服,配上白色衬衫和黑色领带、领结以及黑皮鞋,有时候人们也在驳领头上纽眼中插上鲜花。而夜间正式礼服是燕尾服,因上衣的后襟像燕尾形状故而得名,并在胸前饰以红色或白色的石竹花。

男士的日礼服,包括黑色上衣、坎肩、黑色的条纹裤、白色衬衫、条纹领带,并配以白色小山羊皮手套、黑皮鞋等。还有与此相近的晨礼服。

单就西装礼服而言,便可分为正式和半正式礼服两大类。正式礼服又可分为晨礼服和晚礼服两种 ,前者是白天的正式服装,供参加仪式、结婚典礼或告别仪式等场合穿,后者即平常所说的燕尾服,是夜间穿的正式服装,供夜间的仪式或正式宴会等场合穿用。半正式礼服则可分为晚会服、白天服、黑色套装和吊丧服四种。晚会服是夜晚的正装,平常也称其为晚礼夹克或正餐夹克。宴会、观剧、舞会、婚礼等场合都可穿用。白天服是白天穿的黑色西装,目前已为黑色套装(双排扣戗驳领西服)所取代。黑色套装的用途已越来越广泛,各种场合均可穿着,既可作为晨礼服和晚礼服穿用,又可在婚礼和告别仪式上穿用,还可以作为吊丧服。吊丧服则指晨礼服或黑色套装,打黑领带,现在亦可穿平时服装,但不能选用色彩华丽的服装或华美的饰物,并要避免咖啡色系的服装和鞋子。

二、现代西服

男士较正统的西服在不同国家有不同特点,它的款式可以分为欧式型、美式型、英式型三种。另外还有非正统的休闲西服及流行的时尚类西服。

欧式型西服通常讲究贴身合体,有很厚的垫肩,胸部做得较饱满,袖窿部位较高,肩头稍微上翘,翻领部位狭长,大多为两排扣形式,多采用质地厚实、深色的全毛面料。

美式型西服讲究舒适,线条相对来说较为柔和,腰部适当收缩,胸部也不过分收紧,符合人体的自然形态。肩部的垫衬不会很高,袖窿较低,呈自然肩型,显得精巧,一般以2~3粒扣单排为主,翻领的宽度也较为适中,对面料的选择范围也较广。

英式型西服类似于欧式型但属于保守的绅士型,腰部较紧贴,符合人体自然曲线,肩部与胸部没有过于夸张,多在上衣后身片下摆处做两个衩。

由于西服在一定时期里会受到时装流行趋势的影响,因而现代西服款式经过不断综合演化,区别也就不十分明显了。在西服的扣形方面一般分为单排扣和双排扣。单排扣可以把衣襟敞开而不扣,双排扣则在稍正式场合都应把纽扣扣上。总体来说,单排一粒扣法较随意;两粒扣法只扣上面一粒;三粒扣法只扣中间一粒或扣上面两粒,显得古典些;四粒扣法则综合上面的方法。

休闲西服与传统套装不同,休闲西服一般为单件设计。相对于一点褶皱都不要的传统毛料西服,休闲西服的造型设计随意而大胆,固然保留了西服的型,却把传统西服骨子里的拘谨和严谨放到一边,随意性较强。

西服在领型方面有菱型翻领、剑型翻领、半剑型翻领、苜蓿叶型翻领、披肩式翻领,并且驳头的形状有长驳头、短驳头、宽驳头、狭驳头,在底摆部位有正统的小圆弧底角摆、斜坡圆弧底角摆、方角底角摆,在口袋部位有贴式口袋、盖袋口袋。在西服的选色方面,除礼服必须采用黑色外,一般含各种明度的灰色、深蓝色、褐色为男士所普遍接受,这类色彩所具有的成稳感、风度感,能体现出男士的审美情趣与文化素养。同时还需要考虑肤色、体型、个性等因素与穿着者的整体协调,使其色彩在穿着者身上更具有贴切性。较正式的深浅灰色职业西服,整体风貌上显得有成就感和雅致感,并且容易配各种衬衫色,如浅蓝色、米色、白色衬衫,图案上以条纹及无纹样为佳。相吻合的领带色彩有冷色系和暖色系配法,多选用有花纹图案的领带。黑色、棕色皮鞋可以与西服色保持一致性。

在西服的质料方面,选用不同的面料,对视觉及心理产生不同的效果,大多选用轻薄、挺括的衣料,精纺毛料适用于春秋冬三季,是西服的最好衣料。粗纺毛料面料应用于日常生活便装,有其自然的情调。休闲西服可以采用棉、麻或化纤、混纺等各类风格的面料。

对于中国的成功男士,他们的着装经历了最初的刻板单调的正装,正在进入讲究品味、注重色彩搭配与精致裁剪舒适的高品位时尚西服的时代。由于生活方式的改变,他们开始出入更多的晚会、俱乐部,频繁进行国外的旅行与度假,生活品质的提高使他们对服装的品质与内涵的要求也相应提高,一套正装西服无法满足他们的需求。因此,经典优雅风格与高档特殊面料及天然环保材质的面料将受到更多的关注。

三、时 尚 男 装

男装的总体趋向是高品质、高科技、休闲风,追求更感性、更和谐、更舒适。它在细节上的变化不易察觉却被潜移默化地接纳,让你体会到男人的含蓄和稳重的时尚化特点。

近年来随着社会主流中的绝大多数男士们日益热爱起时尚性较强的休闲装,尤其正装休闲化正是把男装时尚化这一概念具体化了。比如色彩上,正装休闲色彩变化大,色系搭配复杂,服装进行合理搭配,以蓝灰色系的正装为主,谨慎的上班一族也开始有选择地穿正装休闲装。绿色系和酒红色系、橙色系用于周末度假装。多色彩、多组合、重工艺、休闲化成为男装普遍倾向。

休闲化正装较之西服,面料细节等都要有自己的特色,更注重讲究方方面面的搭配。

时尚休闲男装一改刻板庄重的单调服饰,受到越来越多男士们的青睐,但休闲并不意味着懒散和无拘无束,如今的休闲服装在面料、款型以及细节的处理方面都体现着着装者认真严谨的良好品位,充分体现热爱生活的男士们的精神境界。

用高级时装面料来制作的商务装类休闲服装,使休闲装体现出优雅、高贵的气质。如衬衫、茄克、裤子等,采用国际上最先进的高科技合成面料,柔软、透气、保暖,可贴身穿着也可外穿。精致的工艺与细节使休闲装适合各种场合。休闲西装选用一些半粗纺、麻质效果的面料,手感柔软、穿着随意。明线的使用也是国际服装界的潮流,缝线从里面走到了外面,细密精致。随着国内外市场环境的变化,男装品牌化的程度将成为其能否保持生命力的关键。休闲风格的男装在未来将继续呈上升之势。

第二章

男人体与男装结构

在服装行业中,人们通常把服装部件的形态特征、轮廓线特征及其组合称为"结构"。而服装结构研究和完成的主要内容是按照造型设计的基本法则与规律,进行服装款式的纸样设计,按照设计的要求程序,确定服装各部位的规格尺寸,设计款式的内外形轮廓,合理安排服装各分割线的比例关系等几项内容。其中尤为重要的是使衣片结构要符合人体的体型特点,符合人体的服用功能和服装的造型美感。因此,对人体结构规律性的认识与研究,是完成服装结构设计的基础环节。

第一节　服装纸样平面结构设计

一、服装纸样构成基本概念

纸样(Pattern),又称为"样板",是进行服装结构设计的手段,服装结构设计是服装整体设计的重要步骤之一,是设计思维、理念转化为服装造型的技术条件。服装要"以人为本",无论是具有个性化的单件服装或工业化的标准成衣产品,都必须通过纸样设计的环节即服装结构设计过程才能得以实现。

纸样的设计要素包括:

1.服装与人体密切相关,因纸样(或样板)设计的直接依据是人。人的客观生理条件和主观思想意识观念因素,决定了如何进行样板设计。客观生理条件是指人的生理结构,运动机能等方面,这是关系样板设计的主要因素。样板设计必须以此为结构基础;主观思想意识观念因素主要是指人的传统文化习惯、个性表现、审美趣味、流行时尚等方面,结构设计也要最大限度地满足这些要求。

2.样板的设计首要的是为不同体型的人提供相应的基础型,样板最终要迎合消费者的个性需要,同时样板设计的理论更重要的是满足现代服装工业化成衣生产的需要。纵观国内外服装工业生产,越来越强化成衣号型标准化的特征,要求样板的制作更加细化。因此基础样板必须适应服装商品化、工业化的需求。

二、服装结构设计基本方法

服装结构设计必须从人体入手,以人体体型及测量出的人体数据为实际来源,或以国家服装号型标准人体数据作为依据。以人体体型构成理论为基础,寻找人体各相关部位的体型变化规律,以此确定出合理准确的制图方法。服装结构设计经历了从原始立体裁剪——▶平面比例裁剪——▶原型裁剪——▶现代立体裁剪——▶立体与平面相结合裁剪等阶段。

人体体型千差万别,不同人种、地区、年龄的人具有不同的体型,即使同一人种、地区、年龄的人也会有多种体型存在,没有两个人的体型完全相同。服装结构与人体的形态是密不可分的,人体形态是研究服装结构的依据。人体体型的多样性自然给服装制板带来了难题,尤其是现代服装的造型变化之快,是过去任何时代都不可比的。样板制作则必须满足快捷、准确、实用多样化的要求,服装结构设计方法必然也是多样化的,才能满足服装设计的需要。

现代男装越来越趋向国际化,服装结构则更倾向于立体造型,人体不是静止的,随着时间的变化,人体在一定程度上也发生着变化。但通过对生理体型的分析,我们发现生理体型同时具有普遍的变化规律。因此完全可以通过数据化科学计算,结合相应的款式要求而获得平面展开的结构纸样。

1.平面裁剪　现代平面制板方法流派很多,可以归结为比例计算方法和原型方法。这类方法基本原则是以人体测量数据为依据,根据款式设计的整体造型状态,参照人体变化规律找出合理的计算公式。如上衣主要以胸围的净体或成品规格为依据,推算出前胸宽、后背宽、袖窿深、落肩、领大等公式。下装主要以臀围的净体或成品规格为依据,推算出前、后裤片、臀高、立裆等公式,再通过修正而获得准确的衣片样板。这是将人体立体的曲面经过数据化的处理,形成平面的线形、样板板块,从而满足裁剪的需要。其原理是从人体出发,将形体的各部位立体形态采用图形学方法使其平面化,然后经过技术处理再转化到立体,完成塑型。同时最大程度地考虑满足服装穿着的舒适性与功能性的各种要求。此种方法比较适合各类成衣化结构设计。

2.立体裁剪　现代服装立体裁剪是通过深入理解服装与人体之间的对应关系,在结构塑造时从直观的三维立体概念入手,合理地创造出人体的起伏凹凸,满足人体运动及造型空间要求。结构设计过程感性直观,按照服装款式要求准确塑型到位,以此获得衣片,使其符合人体体表的完美结构。此种方法较适合合体度较高的服装,例如高级时装、礼服类服装。

无论采用何种纸样设计裁剪方法,都要以人体与服装的关系为出发点,关键的是要找到正确和科学的结构设计切入点。

第二节　男人体体型特征

人体的基本构造,是由骨骼、肌肉、韧带、脂肪、皮肤组成的,从而形成了人体的外部形体特征。骨骼是人体的支架,决定了人体的基本形态,同时制约着人体外形的体积比例。人体皮肤作为保护层,其组织密集而薄,不对外形构成很大的影响,但皮下脂肪的增多或减少则会影响人体正常的外形特征。骨骼、关节、肌肉、皮下脂肪组织等是决定体型特征的基本因素。男人体由于生理的原因,骨骼、肌肉比女性发达,男子体型与女子体型之间存在着很大的差别,男女体型的差异主要表现在躯干部,上躯干部分外观成倒梯形的状态,这是由组成男性的肩部、颈部、胸廓、上肢、腰部、臀部的形体体积的骨骼、肌肉、脂肪的特定结构所决定的。

一、男人体的骨骼与肌肉(图2-1)

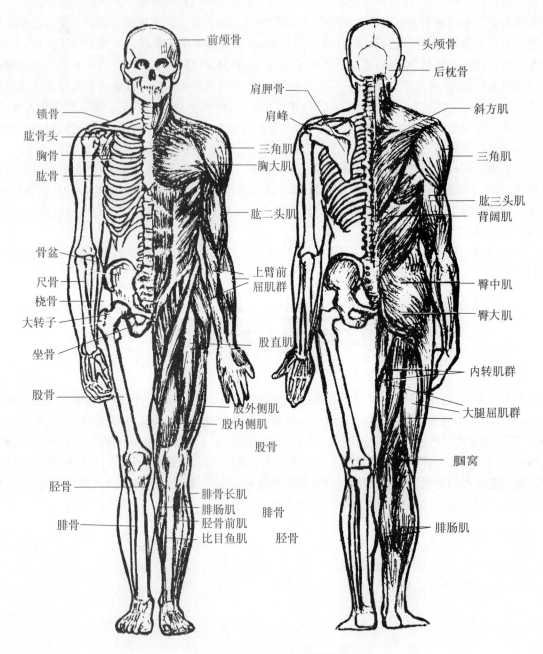

图2-1　男人体的骨骼与肌肉

二、男人体结构外形状态(图2-2)

1. 男性整体皮下脂肪少,皮下的肌肉与骨骼形状能明显地表现出来,体型线条硬朗、平直。

2. 男性肩部宽而较平,胸廓体积大,胯部骨骼外凸较缓,其侧胯不及女性丰富发达,胯部周长小于肩部周长,从正面看,躯干体型特征呈倒梯形,而女性呈正梯形。

3. 男性前身胸部肌肉发达、健壮,胸廓较长而宽阔,从肩、胸至腰部较平直。

4. 男性背部较宽阔,肩胛部位肌肉丰厚,后腰节明显长于前腰节,而女性则相反。

5.男性脊柱曲度较小,过渡平缓,腰位较低,臀肌健壮,但臀部脂肪少,不及女性丰厚、凸出。

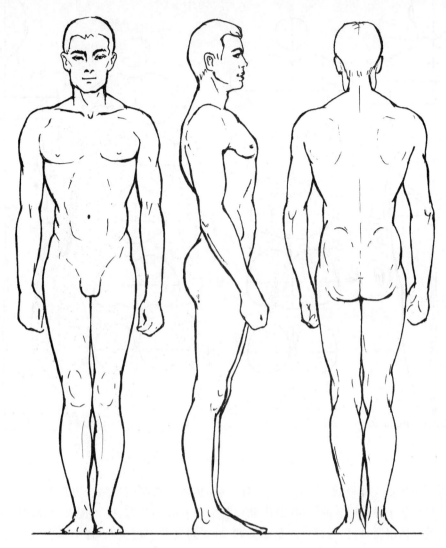

图2-2 男人体外形特征

第三节 人体与服装

一、男人体体积

现代服装强调立体感,这是因为人体本身外形呈现的是既复杂又完美的一个形体。衣服包裹人体,是按照人体归纳了的几个大的主要形体部位进行理想化设计的。因此必须从人体工程学的角度来科学地认识与分析人体,除对人体结构外形状态有了解外,还应增加对人体体积立体状态的正确认识,才可能按照人体结构的特点展开服装结构设计,使服装真正符合人体体型。

在服装结构设计中,除了通过长度测量各部位尺寸时对人体的体表曲面变化有直观的了解外,还应采用二维计测方法,更深层次了解人体最主要的横截面的形状及纵向部位的截面形状,如颈部、胸宽部、胸围部、腰部、臀部、大腿根部、上臂部等横截面以及臂根部、躯干中部的臀裆部的纵向截面的形状,通过这些截面能深入了解标准人体的体积及个体差、性别差和年龄差的特征。图2-3为男女人体的横截面比较图。

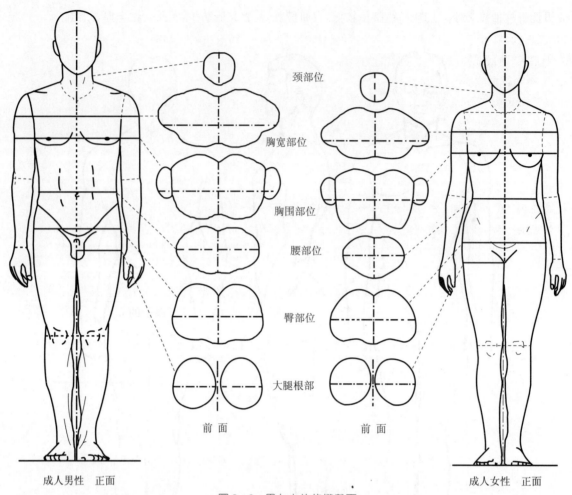

颈部位

胸宽部位

胸围部位

腰部位

臀部位

大腿根部

前面　　　　　　　　前面

成人男性　正面　　　　　　　　　　　　　　　　　　成人女性　正面

图2-3　男女人体的横截面

从图中不难看出男女人体横截面确有不同之处,例如男体胸部截面是呈长方形的体面形态,上衣的结构设计则必须按照其形状来设计服装的结构线,因此要想取得立体的状态,应该把衣片分割成前后左右几个面来组成三维空间的立体服装,再根据腰部的截面形状,并通过胸腰差度关系,理解掌握纵向曲面变化规律,将多余的量准确地分散到各个边线和角度中加以处理,获得二维平面的结构图,最终组成理想的上身立体型。

通过上肢臂围横截面、臂根纵截面的深入了解,可针对不同立体状态的胳膊,利用袖山高、袖肥与袖窿设计出合理的立体感不同的袖型。参照腰部、臀部及大腿根部的横、纵截面形体关系,加强下体体型、形态的理解。这将对裤子结构线中的比例分配有较正确的认识。

因此在结构设计中,把握人体体积的准确到位是塑型的关键。无论何种裁剪方法,都必须对人体形体立体状态有充分理解,从中加深对男式服装造型的认识,才可能找到结构设计的正确途径。

二、男人体与服装

服装是直接服务于人体的,而且必须适应人体的动态性,因此结构设计首先受到男性人体结构、人体体型、人体活动、运动规律及人体生理现象的制约。要获得男装结构的适体性即合体适穿的实用性要求,还要同时把握静态和动态两个方面的特性。

(一)从静态方面处理好男装的适体性

服装结构设计是以人体站立的静态姿势为基础的,首先从静态方面处理好服装结构与人体体型结构的配合关系。与女性人体相比较,男性人体有以下特点影响男装的结构:

1. 男性肩宽而平,特别是肩部三角肌和背部斜方肌强健发达,因此肩膀浑厚宽阔,上肢长而粗壮,动态幅度较大。由于男体呈上宽下窄的倒梯扇面形体型，这一特点使男装在轮廓设计方面多为"T"型、"Y"型和"H"型，以表现男性的"阳刚之美"（西方学者称为"壮美"），即为强悍、健壮的力量美。而女装的廓型变化丰富，尤以"A"型和"X"型最能体现女性"阴柔之美"的体态。

2. 男性胸部厚实宽大，胸大肌为方形，呈漫形弧凸状，胸乳峰不显著而且相对稳定平缓。男性胸廓的块状结构以及体表线条硬朗、平直的特征，决定了男上装的外观平整，起伏变化较小。一般女装前身结构设计的重点是乳胸的塑造，在男装中一般体现的是一种较为理想化标准的胸部状态。衣片按造型要求，也可以根据具体人体和特定款型需要适当进行修正和修饰。男式服装上衣结构线和款式线与女装也有很明显的不同，男装的结构线多直线和曲度较小的弧线，线条简洁、概括，分割线的设计具有一定的规范化，不像在女装设计中分割的形式广泛而多变。

3. 男性腰部比女性偏低且粗，是受胸、臀制约的过渡因素，前腰部凹陷不明显，胸腰差、腰臀差比女性小，因而变动幅度小，后腰节比前腰节长，后背至后腰部位曲度较大，因此在腰线以上后衣片长度比前衣片长。一般上衣收腰不宜过大。但西服在后背、腰、臀部应塑造出吸腰抱臀的形态，最大限度地表现出男性虎背熊腰的最佳体型特征。

4. 男性骨盆相对女体窄而短、髋窄臀厚，除制约腰部状态外，还要求上衣摆围不宜过大，有时还要内收。男性绝没有宽摆、大摆的上衣设计。由于骨盆和大腿根部裆的状态也决定了裤子的立裆比女性短。

5. 男性颈粗而短，喉结突显，颈围大于女性，圈围截面呈倒三角的桃形。为了弥补粗、短的缺陷，增加脖颈长度的视觉感，封闭状态各类领子结构的共同设计要求是领子较贴近脖颈，领围不宜离开脖颈过多。领外表坡度也相对小于女领，过大倒伏的领型结构较少。立领、立翻领尤其西服驳领的领位设计较低，露出脖根较多，以衬托脖颈，达到增高的外观美感。

（二）从动态方面处理好男装的适体性

人体形态的运动变化应用于结构设计中主要表现为服装的功能性。这是由于人体在实际生活中要活动，有姿势的变化，在这过程中骨骼和肌肉、皮肤的位置要变形，因此服装的运动功能性是以一般的净体为基础加上适当的放松量而获得的，以满足人体形态的变化需要。

例如，结构设计中往往后袖窿曲度要小于前袖窿，后背宽大于前胸宽，是因为人体在运动中，胸锁关节与肩关节的运动引起人体胸部的扩张或收缩，后部的用量要大于和多于前部用量，即手臂向前运动次数较多，肩背部皮肤伸展较大，所对应的服装结构应增加活动松量的部位是后衣片的袖窿（增加背宽）及袖片部位（袖山高降低，袖肥相应增大，能提高服装的运动机能）袖窿处曲线自然要平伏些。在腰椎关节活动的运动中，前屈幅度大于后屈幅度，而且前屈机会较多，所以在考虑有运动功能的服装结构设计时，一般是在后衣身增加适度的活动余量。

因此服装结构设计的准确性是与对静态适体性和动态舒适性的深入了解分不开的。服装与建筑有相似之处，建筑塑造的是一个三维的空间造型，人可以进入其中来感受它的效果，建筑通过总体构架和基础以及外部装饰来完成空间构建，服装也是通过外部造型及内部结构即服装的外部轮廓与内部合理的分割衣片结构的线、块面、点来实现其三维空间，因此服装有"软雕塑"的说法。

结构设计中依据衣服穿着舒适性的基础条件，首先需要构建出人体的立体总体构架，明确体表的贴合部分支撑点，它是掌握服装结构平衡的关键，如同建筑的总体构架，服装被贴体部分向周围支撑起来的地方称为受力点，根据受力方向的不同，可以把受力点大致分为纵向受力点和横向受力点，纵向受力点的受力表现在垂直方向，它们像支架般地将服装在垂直方向撑起，因而是结构设计的重点，其细小的结构偏差都将引起服装纵向的不平衡状态，横向受力点主要表现在水平方向，横向受力点的位置，形态是构成服装水平方向立体结构的重点，也是人体结构分割转化服装款式的桥梁。

服装与人体贴合部位纵向与横向支撑点如图2-4所示。

1. 上体贴合部位纵向支撑点包括：男性肩部分的肩棱线、肩端点，脖颈部分的颈根围线、颈侧点、第七颈椎点、前锁骨窝点。

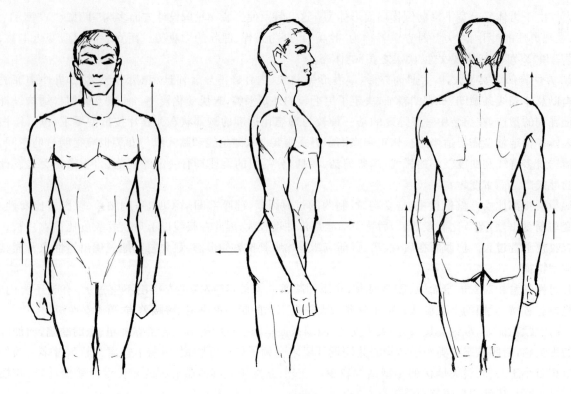

图2-4　人体贴合部位纵向与横向支撑点

2.上体贴合部位横向支撑点包括:前胸大肌部分的乳凸点、肩胛部分的外凸点。

3.下体贴合部位纵向支撑点包括:腰围线部侧髂骨棘部分的前腰腹点、后中腰点、侧胯上部凸点。

4.下体贴合部位横向支撑点包括:臀大肌部分的臀峰凸点、前腹部分的腹峰凸点。

对于服装的穿着感、合体性、悬垂效果来说,人体贴合部位纵横向贴合支撑点掌握着衣服的结构平衡,任何偏差都会造成衣服弊病,因此具有造型的重要意义。而服装的其他控制部位相对来说则需要根据服装的特定款式、功能确立相应的空间,采用省、造型线、结构线构建出衣片,具有较大的设计灵活性。服装平面设计是通过人体的变化规律确立出准确的数据控制好衣服的基础结构。

三、服装造型线、结构线与人体关系

1.造型线:服装要装饰与修饰人体,其方法很多。服装中以线塑型是经常应用的方法,从结构设计的性质上分有造型线和功能线之分。造型性结构线是为了造型的需要,附加在服装上起装饰作用的,这种结构线所处部位、形态、数量的改变能引起款式局部变化,但无结构的功能性,一般常出现在宽松结构的男装上。采用合理比例只需要将造型线正确画好即可,与塑造形体关系不大,例如宽松式茄克、大衣、休闲男装上的分割线。

2.结构线:功能性结构线是既为满足造型之需要,也更具有准确塑造人体体型的作用。在服装外表体现的是款式塑型线,而结构塑型省隐匿其中,服装以省塑型,寓省于缝是塑型的关键。例如经典男西服中的后背缝线、腋下缝线,其作用是从造型美出发按照人体结构,把服装分割成几部分,然后缝制成衣,以求适体美观。其另一作用是将胸凸省、胸腰差、省道隐藏在分割线中,从而使审美与塑型达到完美结合。结构中省线是复杂与千差万别的,因此线形的塑造不能仅仅是简单的经验比例尺寸所能奏效的,除依据人体测量数据及经验计算公式外,还必须结合人体整体躯干的体轴特点,制定省线的具体比例、具体的量及线形。在塑造人体形态时,必须满足特定人体的体积状态。

四、服装造型、结构线的表现形式与人体关系

1.水平分割线:水平分割线有加强幅面宽度的作用,这是由于横向分割从造型角度上给人以平衡、连绵、柔和的感觉,如果横分割线与人体曲面协调一致会富于律动感。上衣利用水平分割线所在位置,可将胸部的省量及肩胛省量寓于其中,同时借助必要的装饰工艺能取得较好的服饰美感效果。如男衬衫、茄克、休闲装等款式应用较多。

2.纵向分割线:衣片上的造型分割线是塑造人体和构建整体造型的重要手段,尤其是功能性的纵向分割线的结构处理更为关键,它往往与省道线结合在一起,也是省道线的延伸,如经典燕尾服的后背分割线便是如此。人体上体凹凸起伏的曲面状态,归纳总结可以通过12条纵向分割线的合理配置而塑造出理想的立体形体。纵向分割线具有强调高度的作用,由于视错觉的影响,面积愈窄,看起来显得愈长,纵向分割线使服装形成面积较窄的线形,给人以修长挺拔之感。因此我们在塑造现代合体度较高的服装款式时,必须真正以人体三维立体形体为基准,通过省的变化原理,将纵向款式线与结构线最完美地结合起来,才能塑造出人体美的最佳状态。纵向分割线在男装中使用的频率较多。

3.斜向分割线:斜向分割线其装饰效果比较强烈,因此可以将塑造的省道隐匿其中,一般情况下,人们只注意斜向的装饰效果而忽略斜线内的省道,可以利用这一条件将胸腰差省、臀腰差省、胸凸省等巧妙地置于其中,在完成优美造型的同时塑造出人体的立体感。斜线分割的关键在于斜度的把握,斜度在考虑省道塑造的关键位置的同时,要充分考虑斜度不同的外观效果。由于斜线的视觉移动距离比垂直线长的缘故,接近垂直的斜线分割比垂直分割的高度更为强烈,而接近水平的斜线分割则感到高度减低,幅度渐增。理想的斜线分割具有较好的掩饰体型缺憾的作用,需要细致地斟酌特定男人体特征,才可能设计出正确的斜向造型线。斜向分割线应用于男士时尚性较强的服装上能取得较好的效果。

4.曲线变化分割线:曲线变化设计为结构塑造提供了更加丰富的条件,在考虑人体曲面变化的状态中,利用曲线变化多端的效果可以自然地将塑型所需要的胸凸省、腰省、臀高省相互连接,隐匿其中,使人们在感受柔和优美的独特外观造型线时,不自觉中完成了塑型的处理。鉴于男体体征和男性服装的造型特点,为了使曲线设计到位,从结构的把握上则更需要充分掌握男人体各部位的三维立体变化规律,找到最佳的曲线变化切入点,才可能取得最好的外形效果。例如男礼服的燕尾服、晨礼服、西服、时尚裤子、时尚休闲男装中的曲线应用。

总之服装与人体密切相关,服装制图是通过服装结构线完成的。结构线的应用是很广泛的,服装整体造型及局部的款式变化都依照结构线来体现,它对服装的外部形体的塑造起着决定性的作用。

第四节　中国男子服装国家号型标准

一、男人体号型国家标准

在服装工业生产的样板设计中,服装规格的建立是非常重要的,它不仅对制作基础样板是不可缺少的,更重要的是成衣生产中需要在基础样板上,推出不同号型的系列样板,获得从小到大尺码齐全的规格尺寸,从而满足消费者的需要,这就必须要参考国家或各地区所制定的号型标准。在服装工业发达的国家和地区,很早就开始了对本国家和地区标准人体和服装规格的研究与确立,大多都建立有一套较科学和规范化的工业成衣号型标准尺寸,供成衣设计者和消费者使用。例如日本男、女装规格是参照日本工业规格(JIS)制定的,英国男、女装是由英国标准研究所提供的。美国、德国、意大利等国也都有较完善的服装规格及参考尺寸。服装规格的良好制定,在很大程度上促进了服装工业的发展和技术交流。

我国服装规格和标准人体的尺寸研究起步较晚,第一部国家统一号型标准是在1981年制定的。经过一

些年的使用后由中国服装总公司、中国服装研究设计中心、中国科学院系统所、中国标准化和信息分类编码所和上海服装研究所起草提供的资料,国家技术监督局于 1997 年颁布。1998 年 6 月 1 日起实施《中华人民共和国国家标准服装号型》,其中男子服装标准代号为 GB/T 1335.1—1997,标准改变了过去我国服装规格和标准尺寸特别注重成衣号型而不注重人体的基本尺寸的局面,基本上和国际标准接轨。主要内容为人体的基本尺寸,而将成衣尺寸的制定空间留给了设计者。

二、服装号型的定义

1. 号:指人体的身高,以厘米为单位表示,是设计和选购服装长短的依据。

2. 型:指人体的胸围或腰围,以厘米为单位表示,是设计和选购服装肥瘦的依据。

体型:是以人体的胸围与腰围的差数为依据来划分体型,并将体型分为四类。体型分类代号分别为 Y、A、B、C,如表 2-1。

表 2-1　男子体型分类　　　　　　　　　　　　　　　　单位:cm

Y 型	A 型	B 型	C 型
17~22	12~16	7~11	2~6

三、号型标志

成衣服装上必须标明号型,套装中的上、下装分别标明号型。

号型表示方法:号与型之间用斜线分开,后接体型分类代号。例:170/88A。

四、号型应用

1. 号:服装上标明的号的数值,表示该服装适用于身高与此号相近似的人。例:170 号,适用于身高 168~172cm 的人,以此类推。

2. 型:服装上标明的型的数值及体型分类代号,表示该服装适用于胸围或腰围与此型相近似及胸围与腰围之差数在此范围之类的人。例如:男上装 88A 型,适用于胸围 86~89cm 及胸围与腰围之差数在 12~16cm 之内的人。下装 76A 型,适用于腰围 75~77cm 以及胸围与腰围之差数在 12~16cm 之内的人,以此类推。

五、号型系列的建立基础

号型系列以各体型中间体为中心,向两边依次递增或递减组成。男子服装规格亦应按此系列为基础同时按需加上放松量进行设计。

身高以 5cm 分档组成系列。

胸围以 4cm 分档组成系列。

腰围以 4cm、2cm 分档组成系列。

身高与胸围搭配分别组成 5·4 号型系列。

身高与腰围搭配分别组成 5·4、5·2 号型系列。

(一)男子 5·4、5·2 Y 号型系列如表 2-2

表 2-2　男子 5·4、5·2Y 号型系列　　　　　　　　　　单位:cm

腰围＼身高／胸围	155		160		165		170		175		180		185	
76			56	58	56	58	56	58						
80	60	62	60	62	60	62	60	62	60	62				

续表

胸围＼身高腰围	155		160		165		170		175		180		185	
84	64	66	64	66	64	66	64	66	64	66	64	66		
88	68	70	68	70	68	70	68	70	68	70	68	70	68	70
92			72	74	72	74	72	74	72	74	72	74	72	74
96			76	78	76	78	76	78	76	78	76	78	76	78
100							80	82	80	82	80	82	80	82

（二）男子 5·4、5·2 A 号型系列如表 2−3

表 2−3　男子 5·4、5·2A 号型系列　　　　单位：cm

胸围＼身高腰围	155			160			165			170			175			180			185		
72				56	58	60	56	58	60												
76	60	62	64	60	62	64	60	62	64	60	62	64									
80	64	66	68	64	66	68	64	66	68	64	66	68	64	66	68						
84	68	70	72	68	70	72	68	70	72	68	70	72	68	70	72	68	70	72			
88	72	74	76	72	74	76	72	74	76	72	74	76	72	74	76	72	74	76	72	74	76
92				76	78	80	76	78	80	76	78	80	76	78	80	76	78	80	76	78	80
96				80	82	84	80	82	84	80	82	84	80	82	84	80	82	84	80	82	84
100										84	86	88	84	86	88	84	86	88	84	86	88

（三）男子 5·4、5·2 B 号型系列如表 2−4

表 2−4　男子 5·4、5·2B 号型系列　　　　单位：cm

胸围＼身高腰围	155		160		165		170		175		180		185	
76			56	58	56	58	56	58						
80	60	62	60	62	60	62	60	62	60	62				
84	64	66	64	66	64	66	64	66	64	66	64	66		
88	68	70	68	70	68	70	68	70	68	70	68	70	68	70
92			72	74	72	74	72	74	72	74	72	74	72	74
96			76	78	76	78	76	78	76	78	76	78	76	78
100							80	82	80	82	80	82	80	82

（四）男子 5·4、5·2 C 号型系列如表 2−5

表 2−5　男子 5·4、5·2C 号型系列　　　　单位：cm

胸围＼身高腰围	155		160		165		170		175		180		185	
76			56	58	56	58	56	58						
80	60	62	60	62	60	62	60	62	60	62				
84	64	66	64	66	64	66	64	66	64	66	64	66		
88	68	70	68	70	68	70	68	70	68	70	68	70	68	70
92			72	74	72	74	72	74	72	74	72	74	72	74
96			76	78	76	78	76	78	76	78	76	78	76	78
100							80	82	80	82	80	82	80	82

第五节　人体测量与服装应用测量

　　学习服装结构制图首先必须了解人体测量方法,测量是研究服装结构设计过程中最初要考虑的问题。测量中,掌握人体各部位的尺寸及测量方法、人体体型的形态特征、人体体型的变化规律是很重要的。

一、男性人体测量

(一)测量要素

　　服装是基于人体的,应在最大范围内使服装结构符合人体结构和活动范围,使之成为立体形态,穿着舒适,便于活动。人体是立体的,体型数据化测量的准确性很重要,它包括长、宽、高、厚度、角度等量化尺寸,人体各部位的长度在纸样中是指投影的长度,它和实际的长度是有区别的。例如,我们通常所说的背长指背部到腰节的垂直距离,也就是投影的长度,而实际的长度是从第七颈椎开始经过肩部最高点到达腰节线的曲线长度。了解这一点在结构设计中是很重要的。测量的准确性对结构设计意义重大。例如,上体颈侧点的确定,肩峰点、前后腋点的确定以及围度的测量,都直接涉及到纸样的精确性。测量不准,偏离纸样设计规律则越远,就很难进一步把握服装的造型。

　　其次,测量方法要科学,要使用规范标准的测量仪器与工具。测量横向胸围、腰围、臀围等围度线要保持水平,纵向线应保持垂直,测量时不要有过松或过紧等问题。

(二)人体测量基准点

　　1.颈侧点;2.第七颈椎点;3.颈窝点;4.肩端点;5.肩胛骨点;6.乳胸凸点;7.后腰节背长点;8.臀高凸点;9.腹凸点;10.侧胯凸点;11.下肢大腿根转折点;12.脚踝骨点;13.上肢桡骨茎凸点;14.上肢肘点。

(三)人体测量围度与宽度

　　1.头围;2.颈围;3.颈根围;4.胸围;5.腰围;6.臀围;7.中臀围;8.大腿根围;9.上臂围;10.手腕围;11.膝盖围;12.脚腕围;13.围裆围;14.前胸宽;15.后背宽;16.总肩宽;17.颈根宽。

(四)人体测量高度与长度(图2-5)

　　①总体高;②颈椎点高;③腰围高;④背长;⑤立裆;⑥下裆。

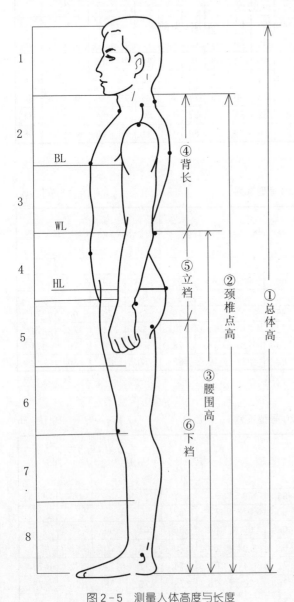

图2-5　测量人体高度与长度

二、服装应用测量

　　成衣工业生产可以参照国家号型制定的人体数据,再依据款式造型制定出相应的成品尺寸进行结构制图。单独定制则需要掌握"量体裁衣"应用方法,即先测量人体的净体尺寸再根据款式造型拟定出服装的成品尺寸。

以下为男西服和大衣的测量方法。

(一)测量男西服尺寸

1.要求

(1)熟练准确地测量出标准男人体的各部位净体尺寸。

(2)按照测量出的净体尺寸拟定出标准男西服尺寸。

2.操作前应准备的工具、设备、用品

(1)工具:软尺、身高测量计、水平仪。

(2)用品:腰节带、布带或绳、橡筋。

3.测量拟定男西服成品尺寸的基本操作步骤

步骤1 测量胸围、前胸宽(图2-6)。

①被测量者身穿内衣或衬衫,测量者站在被测量者的右侧前方,用软尺,围量胸围一周,所测尺寸为胸部围度净体尺寸。

②按以上测量的净体尺寸加放18～20cm松量,为男西服胸部的成品尺寸。

③测量者站在被测量者的正前方,用软尺测量左腋点至右腋点之间的距离,为前胸宽净体尺寸。

④按以上测量的净体尺寸,按胸围计算比例约各加放5～5.5cm松量,为前胸宽部位的成品尺寸。

注意事项:测量时软尺呈水平状态,拉紧状态以能贴体移动为准。

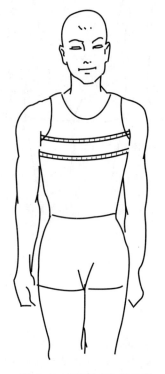 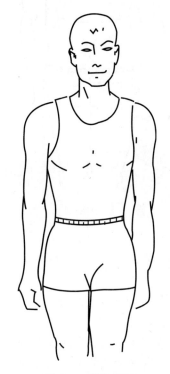

图2-6 测量胸围、前胸宽　　　　　　　图2-7 测量腰围

步骤2 测量腰围(图2-7)。

①测量者站在被测量者的右侧前方,用软尺围量腰围一周,为腰部净体尺寸。

②按以上测量的净体尺寸加放16～18cm松量(胸腰差为14cm左右的A型标准体),为腰部的成品尺寸。

③根据不同体型即胸腰差较小的人体,其成品加放量应减少,但必须控制有8～10cm的基本舒适松量。

注意事项:测量时软尺呈水平状态,拉紧状态以能贴体转动为准。

步骤3　测量臀围(图2-8)。

①测量者站在被测量者的右侧前方,用软尺围量臀围一周,为臀部净体尺寸。

②按以上测量的净体尺寸,根据西服造型需要,加放10～14cm松量,为臀部的成品尺寸。

注意事项:测量时软尺呈水平状态,拉紧状态以能贴体转动为准。

步骤4　测量颈根围(图2-9)。

①测量者站在被测量者的右侧前方,用软尺贴脖子根部围量颈根围一周,为颈根部净体尺寸。

②按以上测量的净体尺寸加放2～3cm松量,为颈部的成品尺寸(封闭状态的男衬衫领大)。

注意事项:测量时软尺通过第七颈椎,贴颈根,拉紧状态以能贴体转动为准。

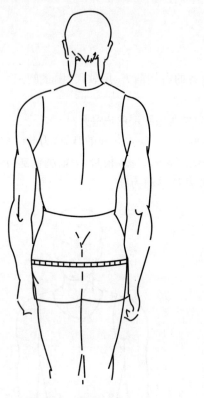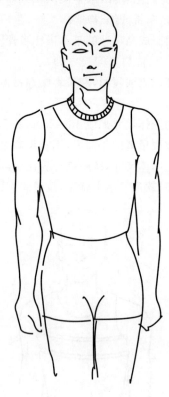

图2-8　测量臀围　　　　　　　　图2-9　测量颈根围

步骤5　测量前腰节(图2-10)。

测量者站在被测量者的右侧前方,用软尺从前颈侧点纵向量至腰部最细处,其长度为前腰节部位的净体尺寸。

注意事项:测量时软尺贴体自然下垂至腰部最细处止。

步骤6　测量背长、后腰节(图2-11)。

①测量者站在被测量者的正后方,用软尺从第七颈椎量至腰部最细处,其长度为背长部位的净体尺寸。

②按以上测量的净体尺寸加放1.5～2cm松量(其量应参照衣长及款式造型加以调整),为后背部位的成品尺寸。

③被测量者身穿内衣或衬衫,测量者站在被测量者的正后方,用软尺从后颈侧点纵向量至腰部最细处,其长度为后腰节部位的净体尺寸。

注意事项:测量时软尺顺后背贴体自然下垂至腰部凹陷处止。

步骤7　测量总肩宽、后背宽(图2-12)。

①被测量者身穿内衣或衬衫,测量者站在被测量者的正后方,用软尺从左肩骨端到右肩骨端中间通过第七颈椎的弧线长度为总肩宽部位的净体尺寸。

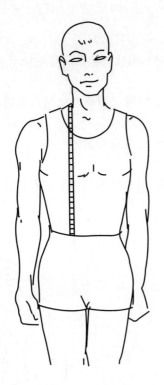
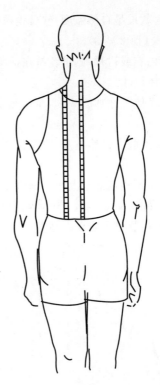

图 2－10　测量前腰节　　　　　　图 2－11　测量背长、后腰节

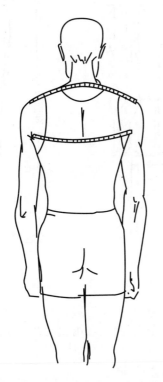

图 2－12　测量总肩宽、后背宽　　　　　图 2－13　测量袖长

②按以上测量的净体尺寸加放 2～2.5cm 松量，为男西服总肩宽部位的成品尺寸。

③测量者站在被测量者的正后方，用软尺测量左腋点至右腋点之间的距离，为后背宽净体尺寸。

④按以上测量的净体尺寸各加放 5～5.5cm 松量，为后背宽部位的成品尺寸。

特别提示:测量时软尺呈自然弧度,软尺稍拉紧。

步骤8 测量袖长(图2-13)。

①被测量者身穿内衣或衬衫,测量者站在被测量者的右侧,用软尺从右肩骨端量至上肢桡骨颈凸点,其长度为全臂长部位的净体尺寸。

②按以上测量的净体尺寸加放3～3.5cm松量(其中包括垫肩量和袖型松量),为男西服袖子部位的成品尺寸。

注意事项:测量时上肢应自然下垂,软尺自然顺上肢状态,软尺稍拉紧。

步骤9 测量后衣长(图2-14)。

①用软尺在前身从颈侧点量至上肢手掌自然握紧的位置,其长度为男西服前衣长。

②也可以以总体高的44%～45%作为男西服后衣长的尺寸。

注意事项:测量时被测量者应自然站直。

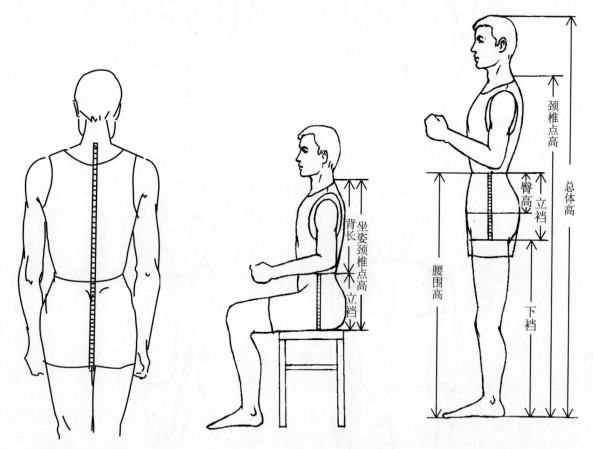

图2-14 测量后衣长　　　　　　　图2-15 测量总体高、立裆、颈椎点高、腰围高等

步骤10 测量立裆、臀高、下裆、腰围高、颈椎点高、总体高(图2-15)。

①被测量者身穿内衣或衬衫,被测量者站直或坐在凳子上,测量者用软尺在人体侧身从腰线量至臀峰转折的大腿根位置,为立裆(股上)的净体尺寸。

②测量者用软尺在侧身从腰线量至臀围位置为臀高的净体尺寸。

③测量者用软尺在侧身从大腿根位置量至地面为下裆(股下)的净体尺寸。

④用身高测量仪纵向测量第七颈椎至地面尺寸为颈椎点高。

⑤测量者用身高测量仪纵向测量腰围至地面尺寸为腰围高。

⑥测量者用身高测量仪纵向测量头顶至地面尺寸为总体高。

注意事项:测量时被测量者应自然站直。以上测量的总体高、立裆、颈椎点高、腰围高的净体尺寸,是制定西服成品规格的参考尺寸。

（二）测量男礼服大衣尺寸

1.要求

（1）熟练准确地测量出标准男人体的各部位尺寸。

（2）按照测量出的净体尺寸拟定出标准男礼服大衣尺寸。

2.操作前应准备的工具、设备、用品

（1）工具：软尺、身高测量仪、水平仪。

（2）辅助用品：腰节带、布带或绳、橡筋。

基本操作步骤：测量胸围→测量腰围→测量臀围→测量总肩宽→测量袖长→测量衣长

注意事项：测量男礼服大衣方法与男西服测量方法基本相同，首先测量男人体净体尺寸，然后以此为根据制定出男西服成品各部位尺寸，再加放出男礼服大衣的成品尺寸，这是因为男礼服大衣与男西服是相互配套穿着的。也可以让被测量者在着西服状态下进行测量（即测量出西服成品各部位尺寸再加放出男礼服大衣的成品规格）。测量时被测量者应自然站直。

3. 测量拟定男礼服大衣成品尺寸的基本操作步骤

测量男净体方法与男西服相同

（1）测量胸围，按测量制定好的男西服胸围成品尺寸加放 8～12cm，为男大衣胸部的成品尺寸；

（2）测量腰围，按测量制定好的男西服腰围成品尺寸加放 8～12cm，为大衣腰部的成品尺寸；

（3）测量臀围，按测量制定好的男西服臀围成品尺寸加放 12～14cm，为大衣臀部的成品尺寸；

（4）测量总肩宽，用软尺从西服左肩端到右肩端中间通过后领深的弧线长度为总肩宽部位的尺寸，加放 2.5～3.5cm，为大衣总肩宽部位的成品尺寸；

（5）测量袖长，用软尺测量西服右肩端至袖口，其长度为西服外衣袖长部位的尺寸再加放 3～3.5cm，为大衣袖子部位的成品尺寸；

（6）测量衣长，总体高的 60%～70% 为后衣长的尺寸，也可以用软尺在前身从颈侧点量至膝盖以下 15～20cm 的位置，其长度为前衣长。

三、现代测量新技术

人体测量是通过测量人体各部位的尺寸来确定个体之间和群体之间在人体尺寸上的差别，用以研究人的形态特征，从而为服装设计提供人体基础资料。随着时代发展和社会进步，人体数据测量技术也在不断发展和更新。为了对人体体型特征有正确而客观的认识，除了做定性研究外，还必须把人体各部位的体型特征数字化，用精确的数据表示人体各部位的特征。

服装业传统的人体测量方法的主要测量工具是软尺、角度计、测高计量仪、测距计量仪、可变式人体截面测量仪等，使用工具简单，操作方便，因此在服装业中长期被采用。尽管传统的测量方法目前仍广泛使用，但存在一些不足之处：一是测量的数据有限，人体的某些特征数据难以取得，所测的一维或二维数据无法反映人体的三维特征，增加了进一步研究服装人体的难度；二是接触测量，测量时间比较长，往往使被测者感到疲劳和窘迫；三是测量的精确度与测量者有很大关系，容易给测量结果带来一定的误差；四是现有手工测量人体尺寸的方式也无法快速准确地进行大量人体的测量。

随着服装 CAD 技术的不断发展，人体尺寸测量已经由简单的人工接触式逐步转变为非接触式自动测量，如何在非接触情况下准确、快速地获取人体相关的三维尺寸，是国内外很多企业、院校以及科研机构正在研究开发的主要课题。目前，非接触式人体扫描在三维人体自动测量方面占有很大比率，而三维扫描技术已经被广泛应用于产品设计和开发，三维扫描仪其主要特点是通过扫描过程获取大量三维数据，建立人体三维数字模型计算出人体各部位尺寸，可分为四大类：激光扫描、红外线扫描测量法、密栅云纹测量法和摄影测量法。采用这些方法设计的产品已部分投入市场。三维人体扫描普遍存在价格昂贵、安装复杂、占用空间大以及必须暗房操作等问题,有待进一步改进方可普及应用。

第六节　现代男装结构立体构成观念

一、基本观念

现代男装源于西欧,西方人的服饰造型观历来对人体本身有着积极的态度,在结构和工艺设计中以人体外形结构、人的生理感知为本,建有一套较科学的立体塑型方法,根据款式要求能确定出男体体积和形体的理想状态,这与历史上西方文化所形成的重人体美、以人为造型艺术中心的观念有着根本渊源。

例如典型的西服结构设计是围绕男体体表曲面变化而展开的,参照整体造型,在复杂的上体基础上,按照款式要求准确地确定出立体空间的体量感,按既定标准重新塑造一个更加完美的外化形体。设计师力求按照技术美学的原则通过款式造型,表现出强烈的时代感及鲜明的风格。男装审美观念的表达,体现在依靠结构设计实施的全过程中每个细节的准确处理。

二、男装立体构成要素概述

(一)男装胸部构成

胸部是上衣的造型基础,为了更好地展现男体上部倒梯形的完美体型,必须通过加强肩宽、后背宽,有意识地加强上体的厚度,这是因为人体总体轮廓是六面体。因此胸部空间体量度的把握,人体与服装之间空隙量的设计,是决定男装最基本型的关键。

礼服类的服装由于要保持合体度较高的样式,固胸部的松量设计要非常严谨,依据特定人的形体特点而制定。日常装胸部空间量都趋向于比较宽松,并以此按照胸、背、腰、腹的特点,结合具体的款式,来制定相应的理想松量比差关系,由此产生一种完美的均衡节奏感,这一总体构成效果是男上装的结构基础。

(二)男装背部构成

从塑造理想男性人体美的要求来看,男装结构设计中后背形态的完美构筑是一个非常重要的方面。男人体的背阔肌、斜方肌、肩部的三角肌比较发达,虽然肩胛骨的曲面结构复杂,但起伏节奏有序,是组成男性形体美的一个主要方面。男装在这一部位的结构设计要充分体现出虎背熊腰的最佳状态。后背衣片样板处理首先视肩胛骨为体积的中心点,由此产生的肩省应结合垫肩的处理,使后背宽部位产生立体、挺拔、饱满的完整感。衣片后中线斜度的处理及后侧腋下缝腰省位的收势形成的线形,则对整个后背部分起着收腰、抱臀的直观视觉效果。因此背部的凸凹曲面变化、塑型的好坏,是评价一件西服款式造型的关键。款式外形线与结构分割线的完美统一,是西服造型形式美所要达到的最佳境界。

(三)男装胸腹上体厚度构成

前身结构主要围绕胸腹的特点塑型,由于西服要适应所有男性穿着,这就需要依特定不同人体的体型特征进行塑造。胸部省凸量的合理设置与前腰省、腋下片及驳领的综合设计,则对塑型的前视效果起着重要的作用。

男装尤其是西服要强调人体理想状态下的构造形式,所以有意识地加强上体厚度则是形体塑造的重点,这要通过三开身腋下片与袖窿底宽的正确比例设计来完成。三开身结构是西式服装立体构成的独特形式。这一结构在西服上的运用是最为理想的,也是区别中式平面构成的一个主要方面。

(四)男装肩型、上臂构成

肩型、袖型与上臂完美结合也是西服结构设计的关键,只有通过建立起来的完美袖型和正确的袖山圆形的理想吻合,才能完成实用功能与造型的完美结合。服装是流动的艺术,而上装的袖与衣身是保证服装动与静的艺术美感的重要因素。袖型和与之相配合的肩型是服装造型的精髓。这两部分最能集中显现艺术与技术的完美结合,是完善西服造型与结构设计的至关重要的部分,最能体现西服特有的形式美感。

(五)男装臀、胯部构成

下装结构主要围绕臀、胯的特点塑造出不同的裤形,裆部的形态特征对于裤子的结构处理非常重要,尤其从前腰开始绕前下裆底再沿臀沟凹形线,至后腰节所构成的 U 字形的围裆的状态针对不同的裤形有不同的变化。这条弯线中上部的横向距离为腹臀部位的厚度,下部为横裆的宽度,躯干下部的宽窄及大腿的粗细决定这两横向距离的尺寸。弯线底部的曲线前高后低、前缓后弯,这是由于坐骨低于耻骨的原因。弯线转折深度取决于人体腰节至大腿根的深度,同时还要结合特定的裤形来决定立裆的深度。

(六)纸样与工艺构成

人体体积凹凸曲面极其复杂,仅靠纸样难于全部塑造完美,很大程度上还要靠服装结构设计中所形成的曲面破开线和省道边线,为工艺塑型提供条件,最终通过对边缘线的热塑处理(推、归、拔烫工艺)或专用定型塑型机来完成,并经过精湛的覆衬、缝制、立体整烫等工艺,才能使造型达到完美的效果。

第七节　制图工具和制图符号

一、制图工具

(一)纸张

制图纸、牛皮纸、拷贝纸。

(二)工具

铅笔、绘图笔、圆规、橡皮、胶水、双面胶、剪刀、滚轮。

(三)尺子

直尺、弧线尺、方格尺、软尺。

二、制图规则、符号和标准

(一)制图规则

服装制图应按一定的规则和符号,以确保制图格式的统一、规范,一定形式的制图线能正确表达一定的制图内容。

(二)制图符号

制图符号是在进行服装绘图时,为使服装纸样统一、规范、标准,便于识别及防止差错而制定的标记。而从成衣国际标准化的要求出发,通常也需要在纸样符号上加以标准化、系列化和规范化。这些符号不仅用于绘制纸样的本身,许多符号也应用于裁剪、缝制、后整理和质量检验过程中。

1.纸样绘制符号

在把服装结构图绘制成纸样时,若仅用文字说明则缺乏准确性和规范化,也不符合简化和快速理解的要求,甚至会造成理解的错误,这就需要用一种能代替文字的手段,使之既直观又便捷。

裁剪图线形式及用途见表 2-6。

表 2-6 纸样绘制符号

序号	名称	符号	说明
1	粗实线	——————	又称为轮廓线、裁剪线,通常指纸样的制成线,按照此线裁剪,线的宽度为 0.5~1.0mm
2	细实线	————	表示制图的基础线、辅助线,线的宽度为粗实线宽度的一半
3	点画线	—·—·—·—	线条宽度与粗实线相同,表示连折或对折线
4	双点画线	—··—··—··	线条宽度与细实线相同,表示折转线,如驳口线、领子的翻折线等
5	长虚线	— — — —	线条宽度与细实线相同,表示净缝线
6	短虚线	- - - - - -	线条宽度与细实线相同,表示缝纫明线和背面或叠在下层不能看到的轮廓影示线
7	等分线	 ⌒⌒⌒	用于表示将某个部位分成若干相等的距离,线条宽度与细实线相同
8	距离线	⊢———⊣	表示纸样中某部位起点到终点的距离,箭头应指到部位净缝线处
9	直角符号	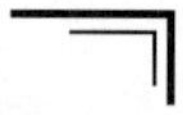 ⌐	制图中经常使用,一般在两线相交的部位,交角呈 90°直角
10	重叠符号	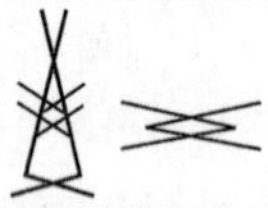 ✳✕	表示相邻裁片交叉重叠部位,如:下摆前后片在侧缝处的重叠
11	完整(拼合)符号	 —⊖—	当基本纸样的结构线因款式要求需将一部分纸样与另一纸样合二为一时,就要使用完整(拼合)符号
12	相等符号	○ ● □ ■ ◎	表示裁片中的尺寸相同的部位,根据使用次数,可选用图示各种记号或增设其他记号
13	省略符号	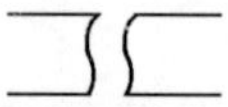 ⊃⌇	省略裁片中某一部位的标记,常用于表示长度较长而结构图中无法画出的部分
14	橡筋符号	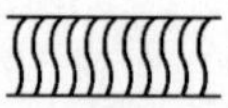 ⅏⅏⅏	也称罗纹符号、松紧带符号,是服装下摆或袖口等部位缝制橡筋或罗纹的标记
15	切割展开符号	 ✂	表示该部位需要进行分割并展开

2.纸样生产符号

纸样生产符号是国际和国内服装行业中通用的、具有标准化生产的、权威性的符号(表 2-7)。

表 2-7 常用纸样生产符号

序号	名称	符号	说明
1	纱向符号	 ←——→	又称布纹符号,表示服装材料的经纱方向,纸样上纱向符号的直线段在裁剪时应与经纱方向平行,但在成衣化工业排料中,根据款式和节省材料的要求,可稍作倾斜调整,但不能偏移过大,否则会影响产品的质量
2	对折符号	 ▽———▽	表示裁片在该部位不可裁开的符号,如:男衬衫过肩后中线

续表

序号	名称		符号	说明
3	顺向符号		⟶	当服装材料有图案花色和毛绒方向时,用以表示方向的符号,裁剪时一件服装的所有裁片应方向一致
4	拼接符号		⟞⟝	表示相临裁片需要拼接缝合的标记和拼接部位
5	省道符号	枣核省	◁▷	省的作用是使服装合体的一种处理手段,省的余缺指向人体的凹点,省尖指向人体的凸点,裁片内部的省用细实线表示
		锥形省	◁	
		宝塔省	◁	
6	对条符号		═╪═	当服装材料有条纹时,用以表示裁剪时服装的裁片某部位应将条纹对合一致
7	对花符号		⧖	当服装材料有花型图案时,用以表示裁剪时服装的裁片某部位应将花型对合一致
8	对格符号		╫	当服装材料有格形图案时,用以表示裁剪时服装的裁片某部位应将格形对合一致
9	纽扣及扣眼符号		⊕ ⊢	表示纽扣及扣眼在服装裁片上的位置
10	明线符号		------------	用以表示裁剪时服装裁片某部位缝制明线的位置
11	拉链符号		▸▾▾▾▾◂	表示服装上缝制拉链的部位

第三章

男装结构设计原理

第一节　男装结构设计的依据

服装结构设计是最终实现具体服装成品的技术程序的关键环节。技术方法的正确性,全靠设计者对男装结构设计基本理论和原理的科学化、标准化、规范化理解和掌握的程度如何。男装结构设计依据如下:

（一）对男装的款式造型的正确分析

1.对具体的服装款式设计效果图的理解。

2.对所提供参考的成衣样品、图片及服饰品的特点分析。

（二）对男人体的结构特点分析

1.标准男人体的结构特点。

2.男子国家标准体的数据及体型分类。

3.通过分析确定特定人体的测量数据及体型特征。

4.通过提供的成衣样品规格尺寸确定塑型要点。

（三）对服装材料性能特点分析

1.具体使用的服装面料可塑性及成型特点。

2.具体使用的服装面料、里料可塑性及成型特点。

3.服装衬里料及辅料特点。

（四）服装工艺方法分析

1.采用单件手工制作加工方法其技能及所采用的设备性能状况。

2.采用批量工业流水线制作方法及所采用的设备配备状况。

第二节　结构制图的选择

一、结构设计的理念

结构制图是设计构思和工艺制作之间的桥梁与纽带,一般可分为平面结构和立体结构两种方法,即平面裁剪、立体裁剪。好的版型是融技术与艺术、科学与美学为一体的,它必须是基于以上具体制图依据的分析,才能找到正确的方法。服装结构设计是外观设计的深入,同时,结构设计又能反作用于外观设计,并为外观设计拓宽思路。这是因为外观设计所考虑的仅仅是具体的款式,而结构设计所研究的则是服装造型的普遍规律。

现代西式服装结构在强调服装与人体的基本立体状态的同时,又要通过造型、结构最大限度地装饰与修饰人体。

较定型的规范的正装类款式,可以采用平面结构制图比例裁剪公式法或原型法（二次成型法）进行制板。因为这类款式的服装如标准体西服、衬衫、休闲装等,完全可以通过合理的号型设置结合相关数学计算公式,协调统筹设计出特定的版型风格。对于创意性较强的款式则要首先考虑通过立体结构,直观地找到造型设计元素特征,使衣片的结构与人体的特征相吻合,极大地满足服装的立体构成形式及适体性与舒适性的要求,然后再结合平面制图的简捷手段获得理想的版型。

二、结构设计的优化

现代时尚流行的观念促使男装千变万化,故结构设计所采用的手法很多,所谓正确的方法应该满足快捷、准确、可操作性强的特点。

在结构变化方面,现代平面裁剪借助平面几何原理创造了纸样分割、移位、展开、变形等方法,在制板中形成一套变化灵活、形式多样、适应面广泛的结构变化理论,这在女装纸样设计中被广泛应用。由于男装款式与结构变化相对女装较少和定型,长期以来国内一般都采用平面经验制图法、成衣原型制图法,理论的科学系统性较欠缺。本书是按图形学的方法参照国家标准男子体,以建立比例原型作为纸样设计的研究依据,比例原型建立的基础是人体,在立体裁剪基础上把对立体操作技术的研究,转化成对平面计算与变化原理的研究,从而将立体裁剪中对人体体积塑造所形成的感性认识上升到理论,它把复杂的立体操作转化为简单的平面制图,再由标准体原型过渡到实际人体及具体款式的应用。

这种研究角度的选择,着力解决理论性的认识,通过原型的理论分析研究,经实践再根据制图实用性要求,对平面经验制图法进行科学优化,通过归纳取得理论性强、准确性高的纸样设计方法,最终直接过渡到更加科学和完善的平面制图法,完成各种纸样设计。

第三节　标准男装结构构成

男装结构构成方法除可单件加工外更应适合成衣标准化生产,国内外男装纸样一般大都利用比例裁剪或成衣原型制图取得样板。制图中采用的数学公式是抽象的,如果没有对人体生长规律的认识和研究,则很难真正理解服装纸样平面结构的相互关系。因此只有通过对男人体生长变化规律的全面分析,经数理统计计算,从中找到人体与服装纸样构成的关系,在抽象的数据中构筑出服装立体空间的概念,才能从结构构成角度展开各类纸样的设计。

一、标准男装纸样构成原理

服装结构纸样生成理论是构建在从立体到平面展开学基础上的。人体是一个复杂的形体,每个局部又呈现各自的曲面变化特征,因此服装结构设计:首要的是在人体静态基础上确立出整体造型的纸样状态(基本纸样或原型),再进一步制定出造型所需要的相应局部变化区域的纸样状态,局部要与整体协调统一。同时还要再根据人体活动的基本机能性、各类服装款式的运动舒适性、面料的可塑性、服装制作加工等因素进行综合设计。

基于以上的认识,展开男装纸样设计方法的研究。

为了更快更好地理解男装平面结构制图方法原理,首先从男人体上体成衣基本纸样与原型构成基础入手。其方法如下:

1.选择 170/88A 国家男子中间号型标准体和 170/100A、170/106A 一定数量的相同尺寸的三个体型组进行净体体型的实际测量(参照前述测量方法)。

2.对中国男子标准体和相关人体进行计测,在测量相关人体数值后进行数理统计分析,取得与服装构成密切相关的人体结构各种基础理论数据,从中寻找体型变化规律。

3.测量男人体尺寸

(1)工具:软尺、身高测量仪、马丁测量仪、水平仪、角度测量仪、数码成像设备、非接触测量设备。

(2)用品:腰节带,布带或绳、橡筋。

(3)测量男上体的主要部位操作步骤:

首先确定标示好人体测量基准点,进入测量。

测量胸围→测量腰围→测量颈根围→测量前胸宽→测量后背宽→测量总肩宽→测量后颈根宽→测量臂根围→测量臂根高→测量臂根周长。

测量总体高→测量前腰节长→测量后腰节长→测量背长→测量颈点到乳胸点长。

测量肩斜角度→测量胸高角度→测量后肩胛角度→测量腹峰角度→测量臀峰角度→测量上肢倾斜角度。

(4)通过测量结果,归纳出人体主要相关部位取得的尺寸数据,通过数理统计计算分析取得概率较高的上体各关键部位的尺寸比例。

4.选择 170/88A、170/100A、170/106A 一定数量的相同尺寸的三个体型组做立体紧身原型上衣片,取得胸围、腰围、前胸宽、后背宽、颈侧点、前颈围、前领深、后颈围、后领深、肩胛省、腋下前胸省及各部位关系。

(1)工具:软尺、剪刀、铅笔、画粉、大头针。

(2)用品:纯棉白坯布、标准男人台、腰节带,布带或绳、胶带。

(3)在男上体人台(或人体上)制定好基准点、基准线,做立体裁剪,其操作步骤:

立裁前片(图3-1):

裁剪坯布经纬纱向找直→经纱对准人体前中线→坯布包裹胸围,纬纱与胸围线平行→坯布腰围线与胸围线水平→坯布贴合颈部取得前颈围弧线和前领深点、前颈侧点→坯布与肩斜线贴合取得前小肩斜线→坯布贴合前胸宽→将坯布贴合于臂根确定臂根弧线→在人体胁部侧缝处将坯布对准胸高产生的余量收成胸省→在前腰部收胸腰省。

立裁后片(图3-2):

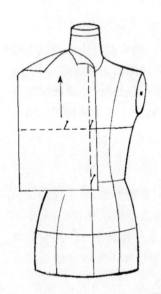 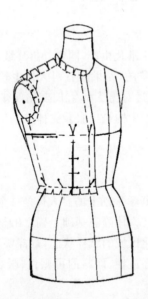 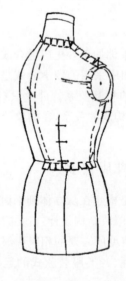 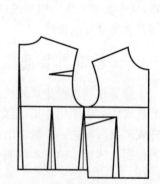

图3-1 立裁前片　　　　　　　　　图3-2 立裁后片和取得的平面纸样

裁剪坯布→经纱对准人体后背中线→坯布包裹后背,纬纱对准后背肩胛横围线→坯布后腰围线与后背横围线水平→坯布贴合后颈部取得后颈围弧线后领深、后颈侧点→坯布与肩斜线贴合取得后小肩斜线→坯布贴合后背宽→将坯布贴合于臂根确定臂根弧线时,在对准肩胛部位将坯布产生的余量收成肩胛骨省→在腰部收胸腰省→在后腰部收腰省。

(4)通过立裁获取一定数量的三个体型组的紧身原型衣片,将衣片展开后进行各部位测量,通过数理统计计算分析取得概率较高的上体各关键部位的尺寸比例。

（二）标准男上体主要部位的尺寸比例关系

通过测量与立裁方法获得的人体数据经比较,再进一步经过数理统计计算优化出以上三组男上体与服装结构制图各关键部位的尺寸比例关系。

1. 胸围与前胸宽、后背宽、臂根底宽、臂根圆高的比例关系。

由于胸围是上体生长变化的基础,胸围的增长与减少相应会影响前胸宽、后背宽、臂根底宽、臂根圆高的一系列变化,前胸宽、后背宽、臂根底宽、臂根圆高与服装结构密切相关,又是造型的关键,经过计算分析取得概率较高的这些部位与胸围的比例关系如下:

（1）成年男子号型 170/88A 体型,1/2 前胸宽约占胸围的 19%,后背宽约占胸围的 20.5%,臂根底约占胸围的 10.5%,臂根圆高占胸围的 16%。计算结果分别为前胸宽 16.72cm、后背宽 18.04cm、臂根底 9.24cm、臂根圆高 14.08cm(图 3-3)。

如果把臂根形状看做为以臂根底宽为直径的两个半圆和一个以臂根底宽为臂根圆高减臂根底的差为宽的矩形叠加而成的类似椭圆的形状,那么把上面的弧线展直之后就得到臂根的均深值,即:臂根底/2+(臂根圆高-臂根底)+臂根底×3.14/4=16.17cm。

在这种状态下,臂根弧线长为臂根底×3.14+(臂根圆高-臂根底)×2=38.69cm,其周长占胸围的 44%;臂根底宽占臂根展开的直线均深的 55%。

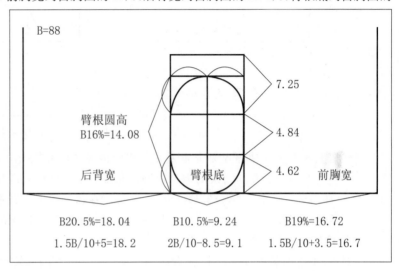

图 3-3　170/88A 体型前胸宽、后背宽、臂根底宽、臂根圆高

（2）成人号型 170/100A 体型,1/2 前胸宽约占胸围的 18.5%,后背宽约占胸围的 20%,臂根底约占胸围的 11.5%,臂根圆高约占胸围的 15.5%,计算结果分别为前胸宽 18.5cm、后背宽 20cm、臂根底 11.5cm、臂根圆高 15.5cm(图 3-4)。

按上述方法如果把臂根形状看做为以臂根底宽为直径的两个半圆和一个以臂根底宽为臂根圆高减臂根底的差为宽的矩形叠加而成的类似椭圆的形状,那么把上面的弧线展直之后就得到臂根的均深值,即:11.5/2+(15.5-11.5)+11.5×3.14/4=18.78cm。在

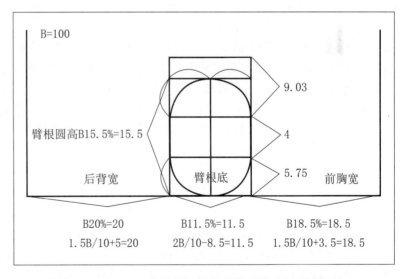

图 3-4　170/100A 体型前胸宽、后背宽、臂根底宽、臂根圆高

这种状态下臂根弧线长为 11.5×3.14+(15.5-11.5)×2=44.11cm,其周长占胸围的 44%,臂根底宽占臂根展开均深的 61%。

（3）成人号型 170/106A 体型,1/2 前胸宽占胸围比例的 18.3%,后背宽为 20.9%,臂根底为 12%,臂根圆高为 15%,计算结果分别为前胸宽 19.4cm、后背宽 20.9cm、臂根底 12.7cm、臂根圆高 15.9cm(图 3-5)。

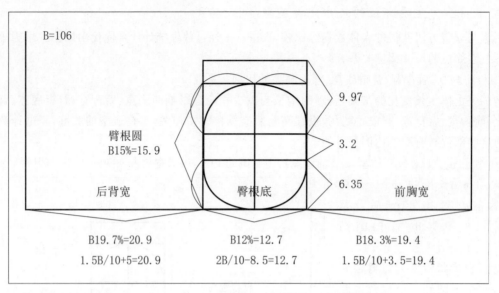

图3-5　170/106A体型前胸宽、后背宽、臂根底宽、臂根圆高

同样按上述方法,如果把臂根形状看做为以臂根底宽为直径的两个半圆和一个以臂根底宽为臂根圆高减臂根底的差为宽的矩形叠加而成的类似椭圆的形状,那么把上面的弧线拉直之后就得到臂根的均深值,即:12.7/2＋(15.9－12.7)＋12.7×3.14/4＝19.25cm。在这种状态下臂根弧线长为12.7×3.14＋(15.9－12.7)×2＝46.23cm,其周长占胸围的44%,臂根底宽占臂根展开直线均深的65%。

2. 上体变化数据分析

(1)从以上三组数据可以看出,随着胸围的增加,前、后宽的增长量小于臂根底的增长量,臂根底的增长量为胸围增长量的20%,说明胸围增大,臂根底会越宽。另外随着胸围增肥,臂根展开的直线高度也在增长,但没有臂根宽度增长的比例大,可见胸围越大臂根圆从纵向椭圆越趋于正圆形,因此臂根底与臂根展开的均深比例在增大,但臂根的周长与胸围的比例却始终没变,即周长占胸围均为44%。

(2)做为服装平面裁剪的重要控制部位,必须要参照人体胸部前胸宽、后背宽,臂根的变化规律进行计算公式的设置。进一步分析三组数据的前、后宽的变化状态,当胸围增量时,男人体1/2前、后宽的增长量分别各为胸围增长量的15%左右,臂根底的增长量为胸围增长量的20%左右,臂根展开的直线高度(均深)增长量也为胸围增长量的15%左右。同时另一规律是臂根展开的直线高度与前胸宽的量始终一致。因此平面比例制图采用数学线性公式可以很简洁地解决好胸围部位前、后宽、臂根宽、臂根均深的理想设置问题。

设置线性公式,前胸宽采用1.5B/10＋3.5cm;后背宽采用1.5B/10＋5cm;臂根均深采用1.5B/10＋3.5cm;袖窿底宽采用2B/10－8.5cm。通过以上计算后的数据可验证出这一设置基本符合人体的变化规律。

从净体胸围88cm到106cm的胸围、臂根状态,可作为服装衣片结构设计依据,即可理解为从净胸围88cm,加放到10至22cm时衣片结构的最佳状态,较好地解决了服装各控制部位的空间量即放松量的设置问题。

(3)在服装结构中,胸部是造型的基础,也是功能性设计的关键,正确把握好整体胸围松量,前、后宽松量,袖窿底的局部松量及袖窿圆的松量是结构设计的难点。尤其是男式服装造型,其加放松量一般都较大。通过以上研究可以确定,如果参照人体净体的生长变化规律来确定衣片的形态则较为理想。从前面几幅图中的胸部、臂根的形状看,随着胸围的增加,前、后宽、臂根(或袖窿)都在按人体比例增长,其臂根形状越来越变大且从纵向椭圆形越来越趋向于圆形。要想增加衣服袖窿部位的运动功能性,袖窿必须提供较大的运动空间,也就是松量,而手臂在运动时前后摆动的活动量远远多于上下运动,袖窿倾向于圆形是正确的。三个臂根底宽(袖窿底宽)与袖窿均深依次增大的比值,同样可以看出袖窿形的变化。胸围较肥的人其袖窿形状比瘦人的袖窿形状要圆。

虽然服装的袖窿形状特别是西服的袖窿形状并不能简单地用椭圆形概括,还与其相关的肩线、省量等因素有关,通过实践我们得到的经验是当袖窿底宽占袖窿均深的63%～65%时是一种舒适性与功能性结合较好的状态并形成较好的内在线形比例,在这个基础之上我们做进一步推论。

(4)在臂根圆高(臂根截面)位置上进行前后肩点的确定,因为要保证前后肩斜角度的差量,让前肩斜大于后肩斜,才能使肩缝符合人体肩棱的状态,所以前后肩点要在臂根展开的均深位置上,分别使前臂根高减1cm,后臂根高增加1cm(图3-6)。

(5)另外通过立体裁片获取在后臂根弧线上的肩胛骨省1.5cm(设置比例公式为B/40-0.7)加在后臂根直线上,因此其结果是后臂根弧线展开直线长于前臂根2.5cm。

(6)然后在后臂根直线上加4.5cm确定落肩量(后肩斜角度21°),使其水平线准确落在颈侧点。

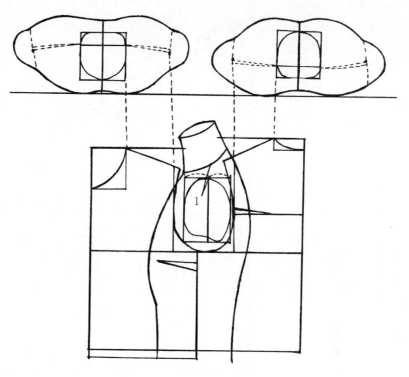

图3-6　人体展开的基本结构图

(7)根据人体计测后颈宽7.5cm(设置计算公式为1/5颈根围或B/12+0.2cm,约7.5cm),后领深垂直向下2.5cm(计算公式为B/40+0.3)使其落在第七颈椎点,形成后领窝弧线。

(8)在后臂根垂线落肩点冲出1~1.5cm,确定衣片肩点然后连接后小肩斜线。画后臂根弧线,后臂根弧线上设置有肩胛省1.5cm(设置计算公式为B/40-0.7)延至腰围线形成后中腰省约3cm。

(9)后片胸围线设置有肩胛省1cm(设置计算公式为B/40-1.2cm)。

(10)从前臂根直线上向上加出前落肩5cm(前肩斜角度24°),画水平线至前颈侧点,确定前领宽,计算公式为颈根围1/5-0.2cm或B/12,即7.3cm,垂直线前领宽加1为8.3cm,确定画出前领深,画出前领窝弧线。

(11)从颈侧画前小肩斜线与后小肩斜线长相等,画前臂根弧线。

(12)由第七颈椎向下设计后中线,确定后背长42.5cm,确定腰围水平线。

(13)在前片侧线处设置由立裁取得的腋下胸凸省量2.5cm,计算公式为B/40+0.3cm。

(14)通过推导归纳取得人体基础纸样制图计算公式:①后袖窿深B1.5/10+3.5cm+1cm+1.5cm+4.5cm-2.5cm=B1.5/10+8cm,②后背宽B1.5/10+5cm,③后领宽B/12+0.2cm或领大/5,④后领深B/40+0.3cm,⑤后落肩B/40+2.3cm,⑥后袖窿省B/40-0.7cm,⑦前袖窿深B1.5/10+3.5cm-1cm+5cm=B1.5/10+7.5cm,⑧前胸宽B1.5/10+3.5cm,⑨前领宽B/12或领大/5,⑩前领深B/40+1cm,⑪前落肩B/40+2.8cm,⑫胸凸省B/40+0.3cm(图3-7)。

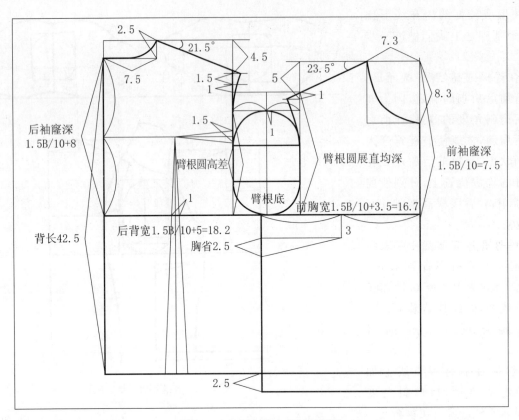

图 3-7　推导出的人体基础纸样

第四节　立体化平面纸样设计的科学性

　　任何立体化平面纸样设计的方法最终靠比例计算公式来完成,比例公式来源于对人体与服装款式造型的理解,因此要充分掌握相关数据的设置。款式造型的准确性与结构设计的微差处理密切相关。

　　服装结构设计经历了从原始立裁——平面比例裁剪——原型裁剪——现代立体裁剪——立体与平面相结合裁剪等过程。其中原型制图也属于平面比例制图的范畴,在应用过程中参照原型经过二次成型完成制图。这对于初学者来说是较易于理解和掌握基本制图的方法。

一、比例原则

　　在男装纸样设计过程中,都要采用线性计算公式来制定服装的控制部位,这就涉及到比例关系和一些常量。常量是指在一定规格范围内,不随号型中选定的"型"变化而变化,仍能保证服装造型和结构合理性的固定数值。比例原则是实现纸样设计合理的一个基本原则,以几个关键数据(一般直接从人体上得到或参照服装规格)为基础,通过比例关系的运算,即根据纸样中各设计要素的变化规律所总结出的数学关系式,得到纸样设计中所需要的其他若干数据。

　　由于生成纸样的各个数据是在"关键数据"基础上根据比例关系推算出来的,而关键数据又是从人体上得到的,这样使得制板数字化成为服装实现工业系列化、标准化和规范化的要求。

　　基础数据的选定是比例关系的关键,是根据人体的自然生长规律和服装结构的造型规律确定的,它的变化是导致其他元素变化的根本。

二、比例关系的确定必须遵循以下原则

1. 比例关系要反映基础数据与局部数据之间的制约性。

2. 比例关系的选定要科学合理，当数据的取值范围跨度较大时，生成的纸样仍具有保型性。

3. 线性公式的使用。

由基础量生成局部尺寸的过程是由线性公式 $y=x/a+b$ 来完成的。其中 x 为基础量，y 为局部量。a 是系数项，$1/a$ 称作关联数。b 是定数项，称作独立数。y 与 x 的关联程度就由 a、b 值来控制。关联数越大，y 与 x 的关联越密切，即 y 随 x 的变化而变化的幅度越接近。反之，则 y 与 x 的关联越小，y 的稳定性、独立性强。相应的，独立数越大，y 与 x 的关联越小，y 的稳定性、独立性强。独立数越小，则反之。例如，基本纸样中半胸围尺寸与胸围尺寸关联最大，因此，采用 $a=2$ 的关联数，于是 $y=B/2+b$（B表示胸围）。胸宽、背宽与胸围的关系也较密切，因此采用 $a=4$、5、6、7、8 等数。如后背宽值等于18.5cm（当 B＝88 时）有多种表示方法：$B/2-25.5$、$B/4-3.5$、$B/5+0.9$、$B/6+3.84$、$B/8+7.5$、$B/10+9.7$、$B/12+11.2$，当胸围值变化时，背宽值就会有不同的变化。

$$y=x/a+b$$

其中：y 为局部量；x 为基础量；$1/a$ 为关联量；b 为独立量。

例如表 3-1：

表 3-1　　　　　　　　　　　　　　　　　单位：cm

胸围 B	公式					
	$y=B/4-3.5$	$y=B/5+0.9$	$y=B/6+3.84$	$y=B/8+7.5$	$y=1.5B/10+5.3$	$y=B/12+11.2$
80	16.5	16.9	17.17	17.5	17.3	17.86
88	18.5	18.5	18.5	18.5	18.5	18.5
96	20.5	20.1	19.84	19.5	19.7	19.2
$\triangle x=16$	$\triangle y=4$	$\triangle y=3.2$	$\triangle y=2.67$	$\triangle y=2$	$\triangle y=2.4$	$\triangle y=1.34$

由上表可以看出，关联数 $1/a$ 越大（如 1/4），y 的变化幅度越大（差量 $\triangle y=20.5-16.5=4$），与 x 的变化范围越接近（$\triangle x=96-80=16$）。关联数 $1/a$ 越小（如 1/12），y 的变化幅度越小（差量 $\triangle y=19.2-17.86=1.34$），与 x 的变化范围越远（$\triangle x=96-80=16$）。

具体应用中要参照两个部位的相关程度决定。a 与 b 的相对关系视两者在 y 中所占比率而定。

三、多米诺律

服装制图中各部位的确定是由计算公式控制的，无论上下衣，各个功能部位的人体数据要素不是孤立存在的，如果选择一个对人体结构起关键作用的元素作为初始值，是指该值在一定范围内发生变化时，其他的相关元素也会以一定比例关系进行变化，进而形成新的样板，但所形成的样板是否有保型性，不仅取决于初始值的选择，还取决于初始值的变化范围和推动系列的比例关系的确定。例如胸围作为上衣造型的基础，其比例关系的建立与款式廓型，样板的保型性与正确的比例公式的设计作用很大。因此初始值与相关元素的关系在纸样构成中决定了工业化系列样板的精确性，在制板、推板中具有实际应用意义。

第五节　标准男上体比例原型的建立

一、采用立体与平面相结合方法取得标准男子成衣原型

男子体型与女子体型有较大差异，男体的曲面状态相对女子较平坦，身高与胸围相同的男女体型相比较，

女体胸部、腰部、臀部三围状态较圆,而男体则薄,男体乳胸部相对较低,后背宽相对较宽厚,因此肩较宽,胸腰差、腰臀差都小于女体,故整体呈倒梯形。

参考中国标准体,按前节研究的原理,采用人体测量与立体裁剪方法相结合而获得的相关体型的基本状态及推导出的比例计算公式,可以建立起适应于男西服、衬衫、大衣等成衣基本纸样的比例原型。方法如下:

(一)号型:170/88A 的西服成衣比例原型,规格:成品胸围 88cm+18cm=106cm、背长42.5cm、颈根围 38cm。

(二)采用净体胸围(B=88)计算公式及制图方法

(以下顺序号为图 3-8 中序号)

1. 背长 42.5cm 画纵向线。

2. 后领深至胸围线的计算公式:1.5B/10+11.2cm=24.4cm。

3. 胸围肥:B/2+9cm=53cm。

4. 前袖窿深公式:1.5B/10+10.7cm=23.9cm。

5. 后背宽计算公式:1.5B/10+7.7cm=20.9cm。

6. 前胸宽计算公式:1.5B/10+6.2cm=19.4cm。

7. 侧缝线:B/4+4.5cm=26.5cm。

8. 后领宽公式:颈根围 1/5+0.9cm=8.5cm 或 B/12+1.17cm=8.5cm。

9. 后领深公式:B/40+0.3cm=2.5cm。

10. 后落肩公式:B/40+2.3cm=4.5cm,后背宽冲肩 1cm,确定后小肩斜线。

11. 前领宽公式:颈根围 1/5+0.7cm=8.3cm 或 B/12+1=8.3cm。

12. 前领深公式:前领宽+0.5cm=8.8cm。

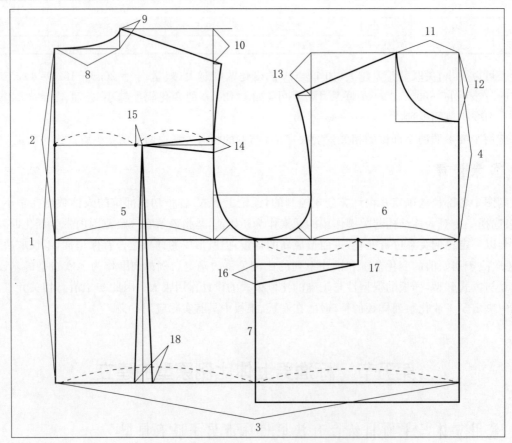

图 3-8　胸部加放出 18cm 的成衣原型纸样

13. 前落肩公式:B/40+3.3cm=5.5cm,前小肩斜线同后小肩斜线。

14. 后袖窿肩胛省公式:B/40-0.25cm=1.95cm。

15. 后袖窿肩胛凸点:1/2后背宽横线向袖窿方向移1cm。

16. 侧缝前胸凸省公式:B/40+0.3cm=2.5cm。

17. 胸凸点(BP):侧缝至前中线的1/2下3cm。

18. 后中腰肩胛省 B/40+0.3cm=2.5cm。

(三)采用成品胸围计算公式制图方法(计算公式中的常量作了调整):成品胸围88cm+18cm=106cm、背长42、5、领围38cm(颈根围)+2cm=40cm。

(以下顺序号为图3-8中序号)

1. 背长42.5cm画纵向线。

2. 后领深至胸围线的计算公式:1.5B/10+8.5cm=24.4cm。

3. 胸围肥:B/2=53cm。

4. 前袖窿深公式:1.5B/10+8cm=23.9cm。

5. 后背宽计算公式:1.5B/10+5cm=20.9cm。

6. 前胸宽计算公式:1.5B/10+3.5cm=19.4cm。

7. 侧缝线:B/4=26.5cm。

8. 后领宽公式:领围1/5+0.5cm=8.5cm 或 B/12-0.33cm=8.5cm。

9. 后领深公式:B/40-0.15cm=2.5cm。

10. 后落肩公式:B/40+1.85cm=4.5cm,后背宽冲肩1cm,确定后小肩斜线。

11. 前领宽公式:领围1/5+0.3cm=8.3cm 或 B/12-0.53cm=8.3cm。

12. 前领深公式:1/5领围+0.8=8.8cm 或 B/12-0.03cm=8cm。

13. 前落肩公式:B/40+2.85cm=5.5cm,前小肩斜线同后小肩斜线。

14. 后袖窿肩胛省公式:B/40-0.7cm=1.95cm。

15. 后袖窿肩胛凸点:1/2后背宽横线向袖窿方向移1cm。

16. 侧缝前胸凸省公式:B/40-(0.15cm)=2.5cm。

17. 胸凸点(BP):侧缝至前中线的1/2下3cm。

18. 后中腰肩胛省 B/40-(0.15cm)=2.5cm。

二、标准男子成衣纸样原型特点

根据以上方法及设置的计算公式可以做为标准人体170/88A号型净体胸围88cm加放18cm松量的成衣服装的原型。根据计算公式可知B/4加放了4.5cm松量,前、后宽各加放了2.7cm松量;袖窿底加放了3.6cm;袖窿深加深了2.7cm;后落肩点设计有0.85cm左右的松量,前落肩点设计有0.5cm左右的松量以保证活动功能,后袖窿有肩胛省1.5cm的塑型量,前片侧缝胸凸省2.5cm。由此看,男装成衣结构的各部分规格是仿照增大了的人体变化关系进行设置的,且是较理想的。此原型可以用于男西服及衬衫等服装款式的制板(如图3-9所示为人体与原型关系比较图,粗实线为人体净体,细线为成衣纸样原型)。

要注意的是采用净体胸围计算方法制图的成衣原型,在应用时随着成品胸围的变化需要调整前胸宽、后背宽和肩宽的增减比例数据。采用成品胸围计算方法制图的成衣原型,在应用时前胸宽、后背宽和肩宽随着成品胸围的变化已相应调整好了这些部位的增减比例数据,这里指标准人体的范围。

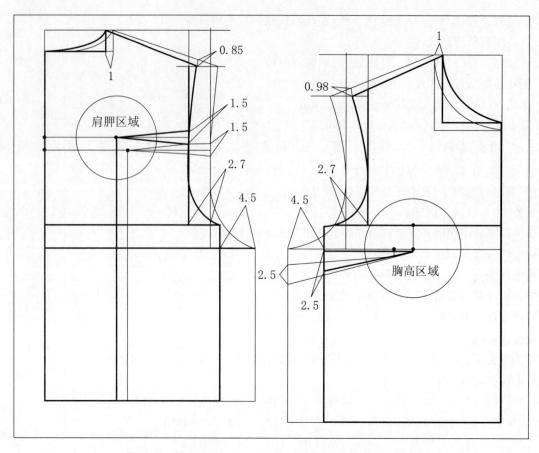

图 3-9　胸部加放出 18cm 的成衣纸样原型与净体纸样比较

第六节　不同原型的设计理念比较

　　男装款式造型相对女装变化少,最具代表性的服装是男西服,男西服是立体感合体度要求最高的服装,塑型要准确。另外男西服造型比较规范,结构程式化较强,参照人体与造型的需要设计出针对性较强的西服基本纸样(或西服原型)是可行的。日本就建立有文化式男子西服原型、衬衫原型,形成特定的版型。但由于中国人体与日本人体及穿着的款式造型与习惯不同,纸样构成原理的基点也不尽相同。

　　为了加深理解,以下摘录了日本文化式讲座教材中的原型。

一、文化式西服原型制图

　　男西服原型制图计算公式中的胸围为净体尺寸。画好的原型胸围尺寸其松量限定为 18～20cm。注意前衣片有撇胸,后小肩斜线包含有肩省。

(一)文化式男西服原型规格

表 3-2　号型 170/88A　　　　　　　　　　　　　　　　　　　　　　　　单位:cm

部位	背长	胸围	袖长
尺寸	42.5	88	55.5

（二）文化式男西服原型制图的基本操作步骤

文化式男西服原型结构线（图3-10）。

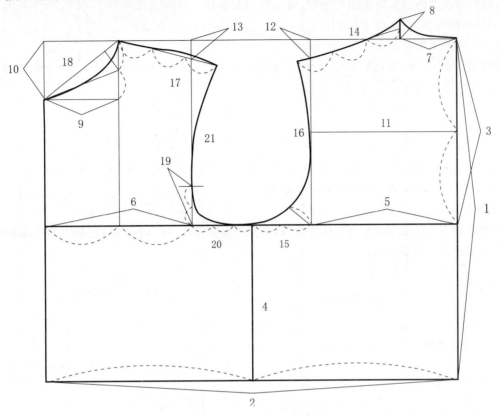

图3-10　文化式男西服原型

（下列序号为制图中的步骤顺序）

1. 以背长尺寸画垂线，并作上下平行线。

2. 胸围肥为 B/2 +（9～10）cm。

3. 胸围线（袖窿深线）为 B/6 +8.5cm。

4. 侧缝线以 B/2 等分。

5. 后背宽为 B/6 +4.5cm。

6. 前胸宽为 B/6 +4cm。

7. 后领宽为 B/12。

8. 后领深为后领宽的 1/3，从后颈侧点自然圆顺画后小肩斜线。

9. 前领宽为前胸宽的 1/2。

10. 前领深同后领宽。

11. 后背宽横线为袖窿深的 1/2。

12. 后落肩同后领深，即 B/12 的 1/3。

13. 前落肩同后落肩，即为 B/12 的 1/3。

14. 将后领深平分两等分，从中点连接前落肩点，并延长 1.5cm 止。

15. 将后窿门平分两等分，并以此线段长作角平分线为后袖窿弧的辅助线。

16. 从后肩端点起画后袖窿弧线，与后背宽垂线相切，过角平分线至侧缝线止。

17. 从前颈侧点至落肩点画前小肩斜线，其长度为后小肩实际斜线长度减 0.7cm 省量。

18. 参照前领口辅助线画前领窝弧线。

19. 前袖窿弧切点定寸 5cm。

20. 前窿门分为三等分,以 1/3 点与袖窿弧切点的 1/2 位置连接小斜线,为前袖窿窝辅助切点。

21. 从前肩端点起画前袖窿弧的辅助线,与后袖窿弧连接后自然画圆顺。

文化式男西服原型袖子(图 3－11)。

(下列序号为制图中的步骤顺序)

1. 从胸围线上提 0.7cm 画胸围线的平行线,以此线向上画袖山高,其长度为 AH/3 －0.5cm 并画上平线。

2. 从袖山高下平线向上 2.5cm 处为合印点。

3. 以合印点向背宽横线作大斜线,其长度为 AH/2 －2.5cm,交于背宽横线为 C 点,以此点垂直向上交于上平线。

4. 将上平线平分两等分从中点移 2cm 为袖山高点。

5. 以袖长尺寸加 1cm,从袖山高点画斜线交于前宽线的延长线上为 A 点。

6. 以 A 点做垂线画袖口尺寸,后袖口端点为 B。

7. 连接 B 点和 C 点为后袖缝的辅助线。

8. 将背宽横线与大斜线交点至前宽线的线段,平分两等分,向前移 1cm,然后连接大袖山弧辅助线,参照大袖山辅助线将袖山弧线画圆顺。

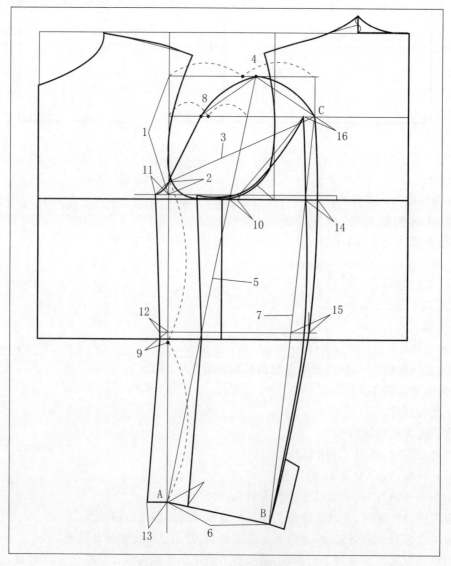

图 3－11 文化式男西服原型袖子

9. 从合印点到 A 点平分两等分,向上移 1cm 为袖肘线。

10. 从大斜线交于胸围线的交点向后移 2cm,连接 C 点为小袖山弧辅助线,参照小袖山辅助线将小袖山弧线画圆顺。

11. 前宽线垂线与袖肥线的交点处向前延长 2cm。

12. 袖肘线平行延长 1cm。

13. 袖口线平行延长 3cm,将以上三点连接画大袖前袖缝。

14. 小袖前袖缝与大袖前袖缝画平行线,间距 6cm。

15. 在后胸围线与后袖缝的辅助线的交点加出 2cm。

16. 袖肘线与后袖缝的辅助线的交点加出 2.5cm,从 C 点过以上两辅助点画弧线至袖口后端点 B。

二、文化式原型与本书成衣比例原型比较

1. 文化式男西服原型制图计算公式中的胸围为净体尺寸。画好的原型胸围尺寸其松量限定为 18～20cm。前、后宽所采用的计算公式比例均为 B1/6,所加调节量 4cm 和 4.5cm,前衣片有撇胸量,后小肩斜线包含有肩省量 1.5cm。袖窿深所采用计算公式比例为 1/6B,所加调节量 7.5cm,后领宽计算公式比例为 B/12,前、后宽比差小,袖窿底较宽,袖窿深较浅,后领口宽和肩宽都较窄,因此必须作较大的调整,才能满足西服的造型需要。

另外服装制图中各部位的确定其计算公式 B1/6 与 B1.5/10 控制着每一档差的部位变量,仅从前后宽与袖窿底的比例状态来看,显然采用 1/6 的比例计算的增减量大于 1.5/10 的增减量,采用 1/6 的比例计算公式不符合国家号型所确立的中国男子体型后宽和总肩宽的档差变化,从塑型的立体状态看相对也差一些。

2. 文化式原型是属于较简的应用原型,不涉及理论,胸省未做明确交代,只在前衣片作了一定量的撇胸处理,后衣片小肩线设计了 0.7cm 定值省,另外前、后腰节差较大,其差量定性为后领深的尺寸。袖子的整体制图形式较好但也未涉及相应理论关系,另外没有在纸样上标识出塑型工艺的处理关系,因此版型的控制理论和基础依据较模糊。但对于初学者从感性上认识男西服、了解男装纸样的基本构成形式也不失为一种学习方法。

3. 本书成衣比例原型所推导出的比例公式来源于男人体与服装基本造型的需要,重在原理的认识与提高。从基础纸样上明确出塑型的胸省量与肩胛省,因此可以通过转省的原理控制衣服的造型,控制不同版型的处理。

在基础纸样上确立了前、后宽、袖窿深、领口实际成衣的尺寸,需要调整的数据较少,基于服装结构纸样生成理论及平面纸样设计的认知能力,则可展开各类男西服成衣纸样的应用。

三、本书成衣比例原型在成衣制板中的应用

(一)成衣比例原型在实际服装造型设计中的作用有两个方面

1. 表现成衣标准化的特征

由于成衣原型带有最规范的标准人体的特点,故可以充分反应人们的共性特征。这是因为虽然人的生活环境、地域、人种、年龄都有差别,但人体体型相似的共同倾向性还是很多的,我们尽可能在千差万别的人群中将这些带有共同倾向性的因素划分归纳,这样以共性因素所归纳设计的原型,必定具有较高的覆盖面,会更适应现代服装企业的生产方式以及产品所针对的目标市场,这种原型多在成衣的设计中运用,要求其具有高度的概括性,这种概括性也就是我们所说的共性特征。

2. 反映个性特征

在为一个具体的对象进行设计时,我们必须把握该对象特定的形体特征,如身体的高矮、体型胖瘦、肩的宽窄以及胸、腰、腹、肩之间的距离和围度所形成的整体外形曲线及由此产生的韵律、美感等。这样可以根据对象的上述特征作出特定基本纸样,或参照标准原型进行试身修正,取得实用的特定人体的纸样。在实际的

服装设计和造型变化中,用反映特定对象体征的原型对服装的造型设计进行约束,在这种约束下所产生的新款服装造型一定会满足该对象舒适美观、穿着合体的基本需求。

(二)成衣比例原型的塑型基本方法

服装的造型总是依赖和围绕人体本身来进行,因此无论何种原型归根到底还是要紧附人体这个模型,成衣原型是体现这个基本模型的重要依据。在应用中,这个基本模型会因款式造型的需要被各种直线、曲线、省分割成为大小形状不同的曲面,这些曲面又会被大小形状各异的余缺展开为平面图形,然后这些余缺又会进行重组,进一步把已经平面化的衣片分割,从而形成相宜的剪切线,可以加入一些具有装饰意义的线形因素,当这些因素综合起来发挥作用时,我们只要稍加变化就可以得出千变万化的服装造型。

男西服是经典的男士服装,由于款式和结构比较定型,规范性的要求较强,但成衣原型提供的以基础人体为模型,为设计者提供了非常好的塑造西服的框架,重要的是要求学习者再通过反复深入的具体应用,找到其准确、方便、简洁、实用的规律而满足男西服款式造型和纸样设计的需要。

通过构成原理的全面分析,应力求将平面纸样与三维空间的关系充分联系起来,从立体到平面再到立体,这一认识过程只有通过反复实践才能从中获得真谛。

第七节　标准男下体结构展开的原理

下体主要由腰、腹、胯、臀、下肢等组成,男裤纸样都要涉及这些部位,因此其结构较为复杂。具体到裤型的构成则要充分了解这些人体部位与裤片的相互关系,才能使裤子纸样设计准确无误。

一、标准男下体主要部位的自然生长变化规律及特点

(一)腰部

腰部是处在人体背部最为凹陷的位置,这是由中腰椎部分向前突出的生理弯曲造成的,从而在背部与臀峰之间形成明显的曲线。腰侧面处于胸廓与胯骨之间,也构成了明显的凹陷曲线,形成了均衡的双曲面状态,腰部主要由有韧性的肌肉和脂肪组成。下装在腰部的结构除确定腰部的横支圈的稳定性外,首要的是依据不同的款式与功能加放适当合理的松量,保证臀腰差度的收放平衡。

(二)腹部

腹部由于腹直肌和腹下脂肪的堆积使得腹峰略突起,呈较浑圆的状态。标准体男性腹肌清晰扁平,腹部发达者,着装时腹峰外凸,与前腰线形成一定的倾斜角度,根据裤子结构线,在前腰部一般通过收省、设活褶的方法保证腹部的功能变化需要。

(三)髋部

髋部侧面凸起的髂脊部位与凹陷的侧腰部位形成较明显的曲线。男性骨盆一般高而窄,髂脊外凸较缓,呈倒梯形状。女性骨盆一般低而宽,向前倾斜呈偏的倒梯形状。男女髋部外观状态的不同主要是由骨盆的差异所造成的。女性的骨盆宽,骨盆的上下口横径都比男性宽,耻骨也有角度上的差别(图3-12)

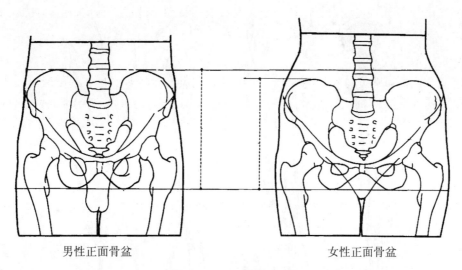

男性正面骨盆　　　　　　　　女性正面骨盆

图 3-12　男女骨盆比较

（四）臀部

臀部是由上宽下窄的骨盆、臀大肌、臀中肌组成,脂肪较少,外凸呈一定的球面状(图 3-13)。

正常体男性臀部窄且小于肩宽,正常体臀腰围差值大约在 14～20cm 以内。上述的外形特征反映在服装结构上,主要表现在臀部的外凸,使得裤子制图中后裆宽总大于前裆宽,后半臀大于前半臀。臀部呈球面状使得西裤后侧缝线上段处必须归拢。臀腰差的存在是产生裤子前后片收省的原因。女体臀部相对于男体臀部要宽,故若在相同臀围的条件下,男体要比女体厚。这表现在裤片结构中,男裤的大小裆之和大于女裤的大小裆之和,男裤的落裆量稍大于女裤的落裆量。

（五）下肢

下肢骨骼总体有股骨、胫骨、腓骨、足骨及股直肌、腓肠肌等肌群组成(图 3-14)。男性一般下肢较长,其腿肌粗壮发达,分界明显。膝、踝部较窄,凹凸起伏显著。两腿并立时,从正面观察,其大腿下段和小腿上段的内侧可见缝隙;女性下肢小腿较男性稍短,其大腿肪脂多,前后厚度大,分界不明显,膝、踝较圆厚,凹凸起伏稍显。两腿并立时,从正面看,大腿内侧不见缝隙,小腿间隙也较小。在下肢上,男女体的主要区别在于女体大腿外侧的弧线比男体倾斜的程度略大。

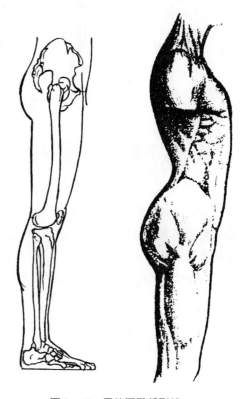

图 3-13　男性腰臀部形状

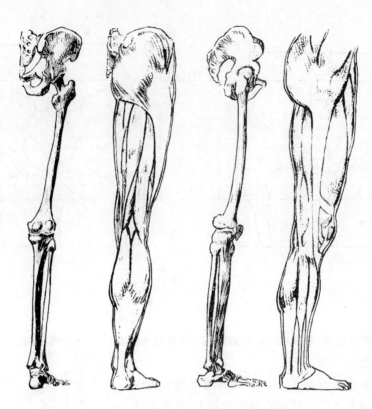

图 3-14　男性下体基本结构

二、男下体测量部位以及裤子成品尺寸的拟定方法

(一)测量部位

主要测量腰围、臀围、横裆围(大腿根)、脚踝骨围、立裆长(股上长)、臀高、下裆长(股下长)、下肢长、围裆长。参照第二章测量方法,需要注意的是测量横向围度时必须保持水平贴体状态。测量长度也要贴体和掌握位置的准确度。

(二)裤子成品尺寸的拟定方法

1.腰围:净体腰围加放 2cm。

2.臀围:净体臀围根据不同裤型加放不同的松量,一般较紧身的裤型加放 4~6cm,如弹力较好的紧身裤和牛仔裤。较合体的喇叭裤在 10cm 左右,西裤加放 14~16cm,休闲裤加放 16~20cm,宽松的多褶裤加放 18cm 以上。

3.立裆:净立裆根据不同裤型需要加放不同的松量,一般较紧身的裤型加放 0.5cm 以下,如弹力较好的紧身裤和牛仔裤。较合体的喇叭裤在 0.5cm 左右,西裤加放 0.5~1cm,休闲裤加放 1~1.5cm,宽松的多褶裤加放 1.5cm 左右。

4.裤口:参照臀围松量和不同裤型需要制定。紧身裤在 16~18cm 之间,一般中号西裤控制在 20cm 左右,小喇叭裤在 25cm 左右,大喇叭裤 25~30cm,休闲裤、宽松裤 25cm 左右。

三、男裤片纸样设计

(一)臀围部分的结构

1.裤片包裹臀部一般采取四片结构,为取得结构平衡必须准确分配臀围部分的前后人体的比例关系。首先是侧缝的分割线涉及后臀的凸起状态和前腰腹的形态,这两个部位的形态与腰部前后形态又有结构上的联系。由于臀腰不在一个中轴线,因此为获得裤片侧缝处于中心线的造型,合体类裤子的臀围 1/4 后片需要加放 1cm 左右松量,前片相对减少 1cm 。另外裤片臀围的加放松量奠定了不同裤型的造型基础。因此越是紧身合体类的裤型前后裤片侧缝的分配差度较大,即后裤片所占的比例大些。而宽松类的裤型前后裤片侧缝的分配差度则较小,甚至相等或相反,如多褶裤前裤片则大于后裤片,以满足前腰多收褶的需要。

2.后腰椎的凹陷和后臀部凸起的复杂状态,致使后裤片的纸样设计较为复杂。通过立裁方法展开的后股沟线为倾斜度较长的斜线,称为大裆斜线,其长出后腰围线的量称为起翘量,合体类的裤型一般在 2.5~3cm,臀峰越高此线斜度越大,起翘增长,臀峰越低此线斜度越小,起翘减少。制图中可参照臀凸与后中腰处的夹角角度确定具体的斜度,一般标准体倾斜角度约 10°~12°左右、平臀体 7°~9°左右、臀高体 13°~15°左右、臀凸体 16°~19°左右。大裆斜线与大小裆宽线、前中线形成围裆线,对裤子的合体性塑造至关重要(图 3-15)。

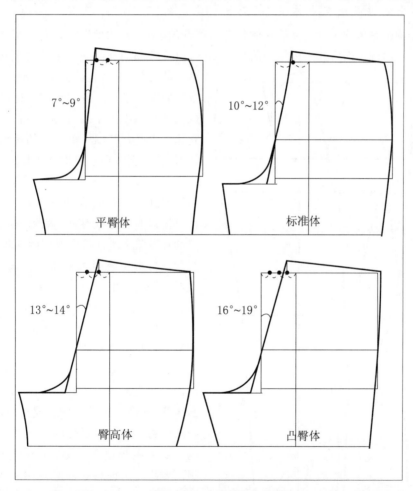

图 3-15　大裆斜线的角度

(二)裤裆部分的结构

1.人体裆部的长宽度与组成臀部的骨盆大小及深度有关,裤片立裆的设计主要参照臀围的松量,越是合体的裤型其裆部松量越少,相对宽松的裤型则裆部松量也要多些。但并非松量越多活动功能越好,立裆深如果任意加深则会影响下肢运动需要的正常长度,重要的是款式与造型要和谐统一。

2.人体裆底部的宽度与臀围和大腿根部的厚度有直接的关系,通过测量以及在人体上所做立体裁剪获取的标准体的数据,不难分析出此部位与臀部围度的比例关系,一般裆底宽占臀围的 14%～15% 左右。但由于大腿根部的粗细程度有时与臀围也不都是成正比,所以在制定大小裆的具体宽度时应视具体体型加以调整。由于裆底的形态与骨盆的结构与臀部的肌肉有关,固在大腿内侧分割前后裤片时为获得结构平衡,后片裆部较宽,占臀围的 10% 左右,为大裆宽,前片裆部相对较窄,占臀围的 5% 左右。另外裤片前后裆弯的分界点不是在裆底正中和最低点,而是靠前靠上,制图中后裆一般需要下落 1 至 1.5cm 左右。耻骨与坐骨在裆底前高后低的状态也决定了大裆宽部分要低于小裆宽。

男裤后片大裆斜线长度比女裤要长些,以满足男体的厚度需要,横裆围、中裆围都较女裤宽松,以满足运动功能及男裤造型的需要。女裤由于款式造型的要求,其合体性要求高,舒适量相对男体少得多,故裤子的横裆至中裆要结合裤口的款式要求做相应的收紧或加长的调整。

3.人体下肢在运动时裆底部的空间对于其功能性起至关重要作用,同时裆底部也是在纸样设计时依据款式造型需要进行调整的关键部位。立裆深过短,则造成裤子的裆部与人体没有空间,易出现兜裆现象,相反裆部与人体空间过大则在运动时对裤腿形成一定的牵拉,立裆如果任意加深则会影响下裆运动功能所需要的正常长度。

(三)男基础裤平面结构图与人体关系(图 3-16)

男基础裤平面结构图是依据男性人体的立体状态而展开的,是各类裤型纸样设计的基础,通过图形学方法所获得的裤片不难看出裤子的后片结构相对前片要复杂,由于臀部的外凸所产生的大裆斜线、大裆弧线是塑型的关键,需要准确设计出斜度、省量、省长、省形及裆底宽松量。前裤片是款式造型变化的重点,构成前裤片的小裆弧线曲度、小裆宽与耻骨的状态有直接的关联。基础裤横裆下的裤筒、裤口与大腿的柱形状态、空间和造型要结合大腿合理配置。

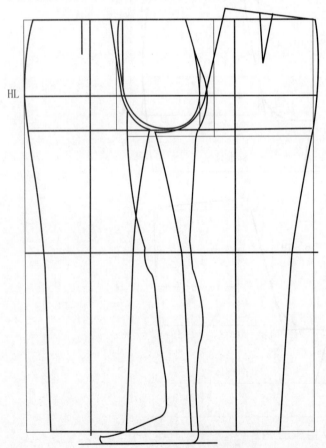

另外以裤片分割的前后大腿形态不同,因此前后裤中线所在位置也非常重要。前后片裤线从中裆至裤口左右必须对称,横裆部位前裤线至小裆宽点的长度略多于前裤中线至侧缝线长度 0.5cm。横裆部位后裤中线至大裆宽点的长度应大于后裤中线至侧缝线长度 1.5cm 左右为宜,以给前后片的归拔烫塑型工艺创造出应有的条件,尤其后片其臀围较大的体型,后裤中线至大裆宽点长度与后裤中线至侧缝线长度差量会更大,因此在归拔烫时必须到位。即在下裆缝处进行拔开烫成直线,在侧缝的上部进行归拢熨烫后,将裤片按照裤线折叠臀缝处外凸拔开、横裆内凹处归烫。成型后的后裤线完全符合人体臀部至大腿根部的凸凹状态,才能使裤片结构达到平衡与均衡。使裤子的造型贴合度更加理想。要想塑出理想的裤型,在纸样设计中还要结合工艺统筹考虑,才可能获得正确的版型。

HL

图 3-16 男基础裤平面结构图与人体关系

第八节 男装衣领、袖子关键部位的结构设计

一、衣领与人体脖颈结构

脖颈主要由颈椎、胸锁乳突肌、锁骨窝、斜方肌等组成,领子纸样设计除要涉及这些部位,还与肩部倾斜角度及脖颈与胸腔交界面的结构有关(图3-17)。具体到领型的构成则要充分了解这些人体部位的相互关系,才能使领子纸样设计准确无误。例如图3-17中所示后领口深的位置应通过第七颈椎,领窝弧线经颈侧点至前脖颈的锁骨窝形成前领口,最终构成的衣领除参考这一形状的领口外,领子的造型还要和肩部的厚度、斜度状态协调一致才能取得理想效果。

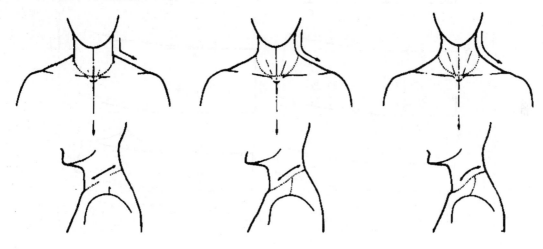

图3-17 男体脖颈状态

一、领子的分类

领子包括有平领、立领、翻领、西服领、衬衫领等,根据穿着方式还可分为关门领、开门领、开关领、联翻领等形式。

二、衣领的结构

领子是服装的最关键部位,领子的设计涉及人体的脖颈和与之结合部位的肩膀的形态。

(一)领口的设计

1.封闭状态的领口形状是参照人体脖颈截面的形状而设计的,男人体的脖颈由于受其组成的颈椎、胸锁乳突肌、锁骨窝等相关部位的影响,形成后高前低近似长的椭圆形。制图时以颈侧点为分割点形成后领宽、后领深、前领宽、前领深部位组成领口大小及领口的位置,其中后领宽、后领深、颈侧点的准确度,同时还控制着各类服装总体衣片的构成关系。

2.由于标准人体脖颈的粗细与胸围的大小存在有一定的增长或减少变化规律,因此在建立原型的领口时,依据计测的数据和实践需要建立起相应的较为科学的平面计算比例公式。首先要确立后领宽的尺寸,男体可以依据胸围设置比例计算公式,如采用 B/12 或依据制定的领围采用 1/5 的比例方法,再通过相应的加减调节来控制出具体的量,后领深采用 1/3 后领宽或 B/40 加减调节量来控制出具体的尺寸,其结果基本符合人体脖颈和肩膀的变化规律。封闭的领型其前领宽应小于后领宽 0.3cm 左右,前领深大于前领宽 1cm 左右。可以说领口的造型及位置的准确性对整体服装的结构平衡起着关键作用。

（二）领子的设计

1.立领　其造型主要依据上下领口差量的关系分为直立领（上下领口围度线相同）、圆台形的抱脖立领（上领口小下领口大）。结合特定款式的领型与人体脖颈状态，通过基础纸样，经剪切使领上口线叠合，由于重叠量不同，因此领前部会产生不同领翘，从而设计出不同立领形式，如中式立领、小立领、双翼领、衬衫立领等都是通过不同的前领翘设计出的相应的造型，如图 3-18 所示。

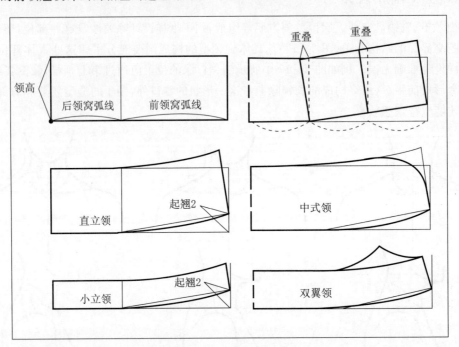

图 3-18　立领纸样变化

2.平领　其造型表现为领子平贴于领口外的肩膀周围。构成方法是将前、后衣片肩线对合后画出领子外口线的形状，肩缝重合量一般在 1.5cm 左右，视肩膀厚度而定，重合过多则产生底领，领宽依据设计而定。平领在成年男装上应用较少，海军领是典型的平领结构，如图 3-19 所示。

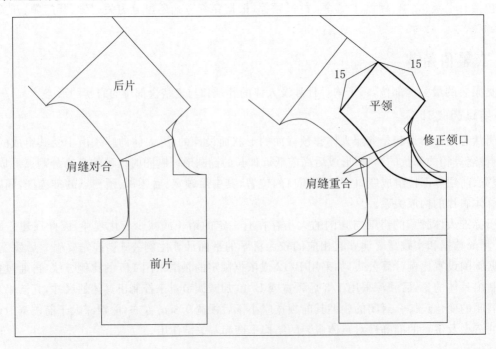

图 3-19　平领纸样变化

3.翻领　其造型表现为自然翻折于脖颈,分为底领和翻领两部分,是男装中应用较多的领型。基本制图方法如下:

(1)依据后领口、前领口弧线长度和翻领总领宽画矩形,设计底领和翻领的宽度。实用性较强的底领和翻领的关系一般多为翻领大于底领1cm至3cm左右,如3∶4、2.5∶4.5、2∶5等。

(2)将前、后领分割线剪开并打开一定的角度,打开的角度依所设计的底领和翻领的关系而决定。可依据计算公式决定其角度,翻领大于底领1cm时打开10°,翻领大于底领2cm时打开20°,翻领大于底领3cm时打开30°。可借助推导的计算公式:(翻领－底领)/总领宽×70°,其条件为翻领减底领的差小于总领宽的1/3或(翻领－底领)/总领宽×140°,其条件为翻领减底领的差大于总领宽的1/3,如图3-20所示。

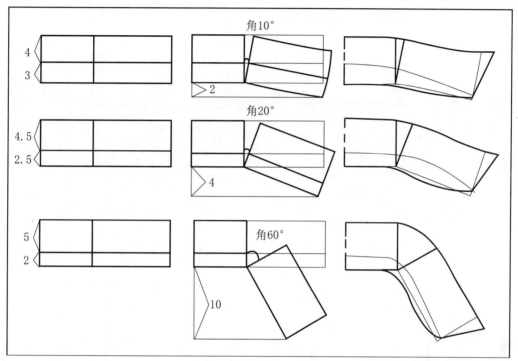

图3-20　翻领纸样设计

(3)依据领子造型画好领外口弧线,将领下口修正成弧线再将领折线画好。

(4)由于在打开外口弧线时领折线加长,如要获得抱脖的效果则可在底领部分设计分体领,通过纸样切割减少领折线的长度而取得抱脖的效果。

4.西服领　其造型是翻领与驳领的结合体,分为底领、翻领和驳领三个部分,是男装中应用较多的领型。

(1)根据西服的款式要求,首先需要依据西服领的总领宽合理分配好翻领和底领部分。在领口上设计好驳领部分的造型,其方法是采用2/3的底领宽的计算方法确立上驳口位,即从前颈侧顺前小肩斜线自然延长的部分尺寸量。下驳口位为衣片的第一扣位,参照两点画好驳口线,再设计好串口线和驳领的宽度。

(2)以后领窝的弧线、领折线与领外口弧形的关系确立领外口的倒伏量。其原理可通过衣片上的后领口将翻领、底领与外领口设计好,从而取得外口弧形和弧线长度。

(3)将后领置于画好的脖领部分,从而取得基础西服领的造型,如图3-21所示。

(4)由于为取得外领口的弧线长,无形中将翻折线加长,为保证翻折线自然抱脖的造型,还要进一步在底领部分设计出分体小底领,通过纸样切割缩短翻折线而取得抱脖的效果,依据面料性能、制作工艺决定切割缩短翻折线上下差量,一般要求差量在0.5～1cm。西服领纸样调整,如图3-22所示。

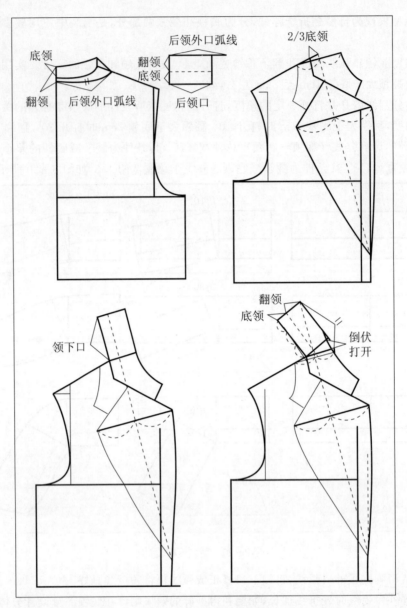

图 3-21　西服领基础纸样

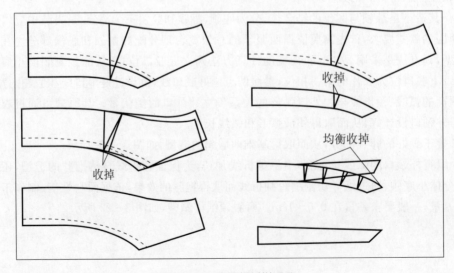

图 3-22　西服领纸样调整

三、袖子设计

袖子的款式变化相当复杂,其形式表现在外形轮廓、袖片与衣身的缝合方式及结构形式上。袖子有与上肢弯曲度接近较为合体或贴合度较好的造型;也有不贴合上肢宽袖肥松量较大且均匀分布于上肢周围自然下垂的直袖型。袖子的设计与服装功能和造型密切相关。

(一)袖子的分类

按造型和结构可分为:长袖、七分袖、短袖、肥袖、紧身袖、一片袖、两片袖、三片袖等。

按与服装品种的配合可分为:西服袖、衬衫袖、插肩袖、落肩袖、中式袖等。

(二)袖子的结构

袖子的造型(西式服装袖子强调立体柱形效果)与人体上肢的结构相关。上肢的组成包括肩部、肱骨、尺骨、桡骨和相关的肘关节、上肢肌肉群组成,如图 3-23 所示。上肢是人体运动较多较复杂的部位,袖型的设计关系到上肢运动功能和服装造型的整体统一。同时袖子与袖窿的状态又是需要密切配合的。因此依据衣片造型首先应取得准确的袖窿形态,袖窿是参照人体臂根设计的,越是合体度高的服装袖窿的形状越趋向于接近人体的臂根形状,因此袖型也愈接近人体的上肢状态。由此可知合体度高的袖子则较瘦,运动功能差。反之宽松的服装袖窿可远离人体臂根,袖子则较肥,运动功能好。袖窿一旦成立才能设计与之相匹配的袖型,如图 3-24 所示。

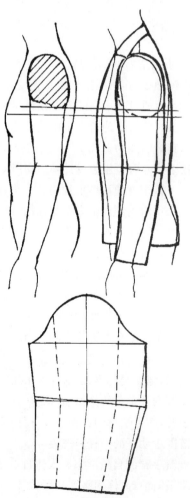

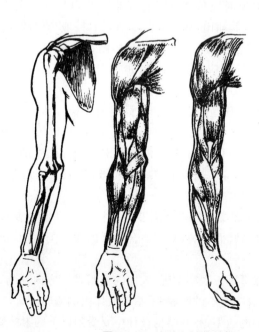

图 3-23 人体上肢的结构　　　　　　　　图 3-24 人体的臂根与袖窿

（三）袖山高的设计

袖子由袖长、袖山高、袖肘、袖口组成,其中袖山高的确定是袖子结构设计的关键。将前衣片的肩斜线自然延长,在肩点设计袖中线,两线之间形成一夹角,根据胳膊的上举功能确立其角度的大小,根据这一结构设计原理,此角度与袖山所对应的角度相同,在构建袖子基础纸样时以角度求袖山的方法优于其他方法,且较为科学。同一袖窿可匹配出不同的袖型,决定袖型的是袖山的高低,按衣身造型首先要设计出合理的袖山高才能取得理想的袖型,如图3-25所示。

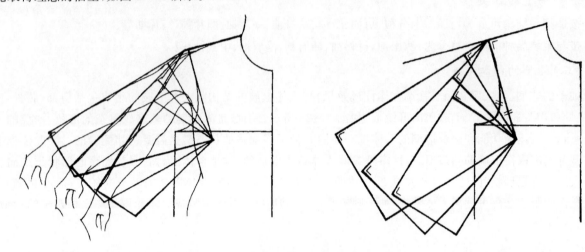

图3-25　袖山构成

1. 不同造型的袖山高

设计袖子时,可根据款式首先设计袖长,即从肩点量至手腕以下的特定位置,然后初步拟订出袖根肥的参考量。然后通过袖山高的高低设计量来控制和满足不同款式的服装对袖肥的准确性需求。袖山的设计可以依据袖山高所对应的角度采用数学的三角函数正弦方法计算取得。例如:男衬衫的袖山高所对应的角如设计成30°,其袖山高为AH/2×0.5(正弦)取得,如果想得到舒适度较强的袖型则应适当降低袖山的高度以获得较肥的袖子。西服类服装设计袖山高所对应的直角三角形的角如为45°,其袖山高为AH/2×0.707(正弦)。

为了应用方便可以把袖山高分为低、中、高,通过袖山高所对应角度可归纳为1°~45°,以30°角为中间界线,大于30°角则趋向中高至高袖山,小于30°角则趋向中低至低袖山,如图3-26所示。一般合体的男衬衫、茄克类服装的袖山所对应角可控制在30°左右,宽松类的休闲服装袖山所对应角可控制在15°~25°左右,男大衣类服装袖山所对应角可控制在40°左右,合体类的西服袖山所对应角应控制在40°~45°较好。

2. 合体度高的高袖山袖子制图

依据西服类设计的衣片其肩点较高,袖型要表现出肩头部圆润饱满的效果,同时对于标准体的袖窿底与袖窿均深的比值也有要求,即袖窿底占袖窿均深长度的65%,这一比例最为理想。此时在设计袖山高所对应的直角三角形的角约为45°左右。修正袖山弧线,袖山高较高,致使袖山弧线加长,相对于袖窿弧线的长度差,一般可控制在3cm左右,在缝制时通过缩缝实现袖山隆起的效果。有些特殊的造型要求袖山的提高量会更大,袖子的肥度变化不大,这样可采用抽褶或收省来取得特定的造型。

男装两片袖常用于西装、大衣等款式,是一种合体程度比较高的袖型。男装两片袖要较好地包裹自然状态的手臂,满足手臂的各种生理条件;同时,男装两片袖的袖山圆而饱满,并不适合手臂的大范围运动,强调的是小范围运动下的一种静态美。

观察手臂的自然形态。人体自然站立,手臂呈柱形自然下垂。观察发现:人体的胳膊是有方向性的,整个手臂略微向前;人体的胳膊在肘关节处有弯曲,使小臂向前有7°左右的倾斜;手掌向人体内侧偏转。

根据人体的结构特征和穿着要求可以得知,男装两片袖的造型,在其结构设计中要受到以下因素的影响:

（1）袖山高

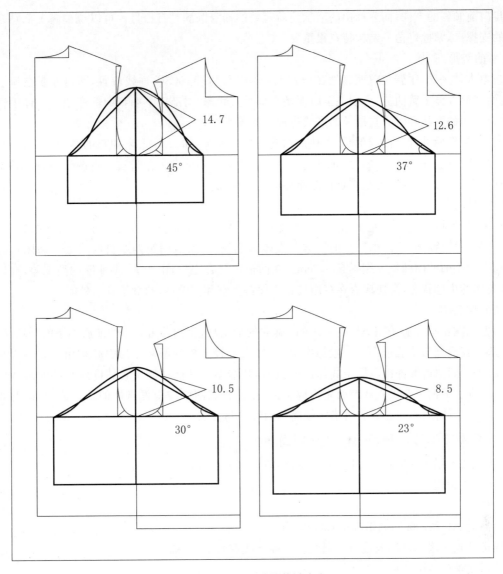

图 3-26　不同造型的袖山高

袖子结构并不是独立的,必须与衣身袖窿的结构变化相结合。袖子的形态、平衡合体性和活动舒适性要求袖窿有不同的造型形态,也要求相应的袖山与之相匹配。

合体服装中,袖山形成的圆与袖窿形成的圆缝合在一起是两个圆的对接。标准体男装两片袖的袖窿是椭圆形的袖窿,因此要求与之匹配的袖山形成的圆尺寸及形态要基本相似。

理想的袖山应在袖山的平面结构上袖山斜线与袖根肥线的夹角成45°,采用数学正弦计算方法取得。制成的成品袖子,其袖中线与水平线成60°夹角,符合功能与款式要求。由于在制作中,袖山要有一定的缩缝,才能使其隆起饱满。因此,袖山高比袖窿圆高多出0.5cm左右,正好满足完成袖山曲线后的吃量。

(2)袖型状态

①自然前倾形态

西服袖子与袖窿相吻合,要自然前斜、前倾。男标准体后宽大于前宽,造成后背向前合抱的状态,在纸样设计中参照人体这一关系可以适量加大这一状态,以适应整个手臂略微向前的趋势。在结构上,就要利用袖山的曲线形状达到这一目的,前后袖山曲线的隆起程度能够改变袖身整体的前斜程度,因此前袖山的隆起程度要小于后袖山。

在控制前斜、前倾的结构中,前、后腋点以上的部位是贴合的区域,起到更加关键的作用。前袖山的形状引导了袖身向前倾斜的方向,而后袖山的形状使后背处的袖身圆满且有松量。可以说袖窿上部贴合的区域是袖子平衡的支撑点,掌握好这一结构特点很重要。

② 自然曲势形态

俯视观察人体手臂,手臂位置明显地在肩颈点(SNP)与肩端点(SP)连线位置,即斜方肌在肩上形成的肩棱端点;侧面观察人体手臂曲势,肩端点至肘部基本呈垂直状态,肘部以下明显向前弯曲。人体手臂的侧面是主体面,这个方向的形状和弯势与袖子的形状有很大的关系。

因此前、后袖缝应处理为曲线形状;大袖前袖缝在袖肘处弯势的大小起着曲势的结构关键作用,同时通过拔开大袖前袖缝在袖肘的熨烫处理,是获得理想手臂曲势的主要辅助工艺过程。在制作中,袖山弧在缩缝后,绱袖对位吻合点位置的准确性也是满足自然曲势的关键所在。

③ 自然扣势形态

手臂是人体运动幅度最大、变化范围最广的部位。男装两片袖要把握服装静态美与活动之间的最佳平衡效果,使袖子美观且活动舒适。由于人的手掌向人体内侧偏转(参照图第四章男西服袖子制图),因此在男装两片袖结构上把小袖的前袖缝前端提高 0.5cm。在前袖缝缝合之后,由于大、小袖缝的高度差,袖口处形成内旋,既符合人体的生理状态,又使成衣在穿用过程中保持美观和完整性,袖缝不容易外露。

3. 袖子原型制图

袖子原型制图根据经验采用 AH/4+2.5cm 确立的袖山高,比例约为 3/4 的前后袖窿的平均深,故属于中低袖山的范畴,其造型与功能适用于一般标准衬衫、外衣或较宽松的服装。袖山高采用 5/6 或 4/5 的前后袖窿的平均深,计算而取得的袖山高属于高袖山的范畴,其造型与功能适用于合体度较高的西服、时装、合体大衣等服装。其方法根据手臂垂直状态而先构成直袖,在打板制图中应根据具体的款式造型,借助袖原型的构成原理再设计出具体袖型,也是一种可借鉴较简单的经验与方法。

(四)下面为变化的几种袖子的纸样制图示例

1. 一片直袖:可用于一般衬衫、外衣类服装,如图 3-27 所示。

(以下序号为制图顺序)

①画袖长。

②袖山高为 AH/2×0.5,袖山高所对应角 30°。

③从袖山高点采用 AH/2 长度量画斜线交于袖肥线取得前、后袖肥。

④参照斜线辅助线画前后袖山弧线。

⑤画袖侧缝线垂直于袖口线。

⑥以袖中线向两侧测量确定实际袖口肥。

⑦前、后袖肥等分并画垂线交于袖山弧。

⑧将前、后袖肥等分垂线剪开。

⑨按住垂线交于袖山弧的前后交点收至实际袖口。

⑩修正袖口弧线。

2. 一片合体袖:可用于一般要求按照胳膊有自然曲度的合体外衣类服装,如图 3-28 所示。

①画袖长。

②袖山高为 AH/2×0.6,袖山高所对应角 37°。

③从袖山高点采用 AH/2 长度量画斜线交于袖肥线取得前、后袖肥。

④参照斜线辅助线画前后袖山弧线。

⑤画袖侧缝线垂直于袖口线。

⑥前、后袖肥等分并画垂线交于袖山弧。

⑦画袖肘线 1/2 袖长+(4~5)cm。

⑧在袖口处袖中线向前倾斜 2cm,因此将后袖肘处打开一定省量。

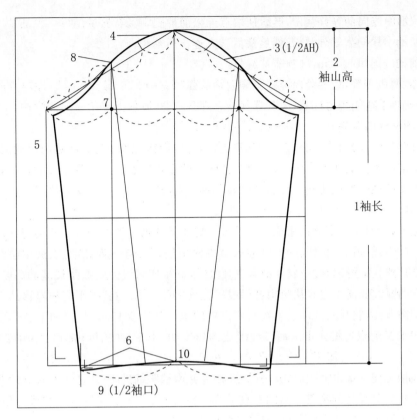

图 3-27 一片直袖

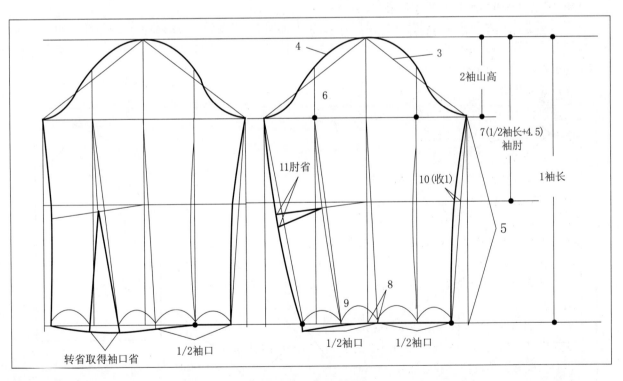

图 3-28 一片合体袖

⑨前袖口肥从袖中线向前等分两份,然后从端点连接前袖肥,画斜线。

⑩后袖口肥从袖中线向后等分两份,然后从后端点连接后袖肥,画斜线。

⑪在袖肘处前袖缝向里收1cm,画顺前袖缝弧线。

调整后袖肘省,两边相等,后袖缝向外弧画顺后袖缝弧线。

3.插肩袖基本袖型:适用于男外衣、大衣等服装,如图3-29所示。

(以下序号为图中制图顺序)

①前衣片及袖窿制图,将前衣片小肩斜线从肩点自然延长其长度15cm,然后向下做垂线7cm(根据功能与造型定),从肩点连接此点画袖长线形成的角度约25°。

②从肩点起参照前AH弧线上的1/2位置点画斜线,其长度为前AH。从此线终点做袖中线的垂线获得袖山高。再从此点做袖口的垂线取得基础的袖侧缝线。

③前袖口为半袖口-1cm,连接袖侧缝线。

④将前肩点至胸围线的前宽垂线三等分,在以胸围向上的1/3点作为辅助点,画至前领窝的连肩的辅助线,参照此线画插肩分割的款式弧线至衣片袖窿底弧线,再画袖底弧线使两弧线长度和曲度相等(修正袖窿和袖山低的弧线注意两弧线分离支点应从前胸宽垂线,肩点向下的2/3位置点平行向里移动1cm左右)。

⑤后衣片及袖窿制图,将后衣片小肩斜线从肩点自然延长其长度15cm,然后向下做垂线4.9cm(此线占前片相应垂线的70%),从肩点连接此点画袖长线形成的角度约17.5°,此角度占前衣片角度的7/10,根据袖型与功能确定角度。

⑥从后肩点在袖长线上确定袖山高与前袖山高相等并做袖肥辅助垂线。

⑦从后肩点参照后AH做斜线交于后袖肥辅助线上。

⑧画袖侧缝线垂直于袖口线取得基础的袖侧缝线。

⑨后实际袖口(袖口+1cm)画袖侧缝线。

⑩将后宽垂线分为三等分,以胸围向上的1/3点作为辅助点,连接后领口的辅助点画斜线。参照此线画插肩分割的款式弧线,并修正袖窿和袖山底的弧线(修正袖窿和袖山底的弧线时注意两弧线分离支点应从前宽垂2/3位置点平行向里移动1cm左右)。

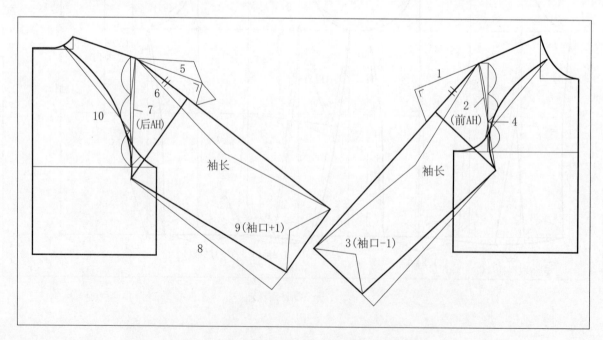

图3-29 插肩袖袖型

第四章
典型男装纸样设计

第一节　采用比例原型设计男西装基本纸样

　　服装制板必须将款式造型的设计意图很好地表达出来,并能体现出服装的风格特征和美感,因此采用比例原型进行纸样设计只是一种手段。从标准体原型向实际人体及具体款式过渡时必须对具体风格与版型之间的关系做一定的研究。原型只是标准体的基本状态,到特定的款式时具体部位需要进行充分调整,例如当成品胸围增加或减少时,做为造型基础的前胸宽、后背宽、袖窿底宽、领宽、领深等部位都要进行调整(具体方法看后节),这就需要严格按人体的变化规律来确立准确的调整量。这一调整方法有些是有规律可循的,但结构设计是设计的一种延伸,在很多时候正是要求通过某种风格的定位,表现在结构细节上的调整与处理,这些细节的把握要靠对造型的理解和感悟,有时正是裁剪的细节表达出服装的格调,形成了服装的风格。

　　采用比例原型由于创造了二次成型结构设计的方法,因此提供了较好的制板构思条件。在设计过程中除必须掌握原型制图变化的一般规律,还要结合现代服装流行趋势、服装风格、服装材料、服装工艺等因素进行制板,才可能得到理想的服装版型。

图4-1　单排两枚扣平驳领标准男西服

男装结构来源于立体造型,原型方法也源于西式造型款式的需要,因此通过对原型的深入分析,不难理解原型无不是以特定的体型特点为基础,以现代流行服装造型需要而建立起来,又要根据人体的生长变化规律进行不断地修正,才可能应用于实践。

一、男西装基本纸样

(一)款式

单排两枚扣平驳领标准男西服,款式效果如图4-1所示。

(二)男西服成品规格

按国家号型170/88A制订,如表4-1。

表4-1 单排两枚扣平驳领标准男西服成品规格表 　　　　单位:cm

部位	衣长	胸围	腰围	臀围	背长	总肩宽	袖长	袖口	领大(衬衫)
尺寸	76	106	90	102	44	44.5	58.5	15	40

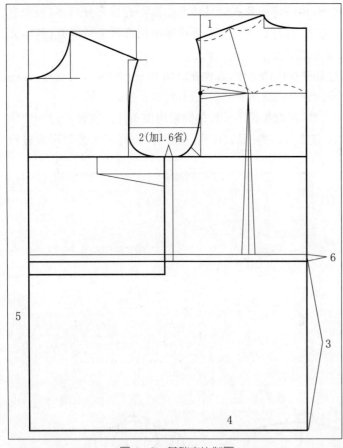

图4-2 基础衣片制图

衣长为总体高的44.5%、净胸围88cm+18cm、净腰围74cm+16cm、净臀围90cm+12cm、全臂长55.5cm+3cm、颈根围38cm+2cm、背长42.5cm+1.5cm、净肩宽42cm+2cm。

(三)男西装基本纸样制图应用方法

步骤1 基础衣片制图,如图4-2所示。

(下列序号为制图中的步骤顺序)

①将男子比例原型后片画于样板纸上。

②画男子比例原型前片,在胸围处加放出1.6cm,即制图中胸围线处要收的省量。

③后腰节下加出33.5cm取得后衣长。

④画下平线。

⑤画前中线。

⑥背长加长1.5cm。

步骤2 后衣片制图,如图4-3所示。

①后肩胛省的处理,在后小肩斜线的1/2处对准肩胛凸点画线并剪开,将袖窿肩胛省转至此处0.7cm,袖窿肩胛省仍保留有1cm省量。在后肩端上提1cm修正后小肩斜线和后袖窿弧,使后袖窿弧形产生2cm松量。在缝制工艺时采用归进和垫肩的方法处理。

②后背横宽线至肩胛凸点剪开,将后背胸下省转至后中线,使后中线倾斜。后中线胸围处收进1cm,腰围处收进2.5cm省量,后下摆收4cm省量。

③画后侧缝线,中腰收省2cm。

④画后下摆线侧缝上翘0.5cm,后中下翘0.5cm。

步骤3 前衣片制图,如图4-4(a)所示。

①原型前衣片上提1.5cm,将侧缝2.5cm胸凸省分为两部分,1.5cm在胸围线上,1cm在胸围线下。

②将侧缝1.5cm胸凸省,经胸凸点用转省方法转至前袖窿0.5cm省量。

③将侧缝所剩1cm胸凸省,通过转省方法转至前中线1cm省量(即所谓撇胸)。

④为保证前后垫肩量相同,前肩端点上提1cm,并修正前小肩斜线。

⑤画前止口线，搭门宽 2cm。

⑥画前下摆止口辅助线，下摆下移 2cm。

⑦画前圆摆弧止口辅助线，从下两扣间距 10cm 的 1/2 位置点至下端中线进 2cm 点相连线。

⑧画前圆下摆弧辅助线，侧缝起翘 0.5cm。

⑨画侧缝线胸围部收省 0.6cm，腰部收 2.5cm。

⑩参照下摆弧辅助线画前圆摆弧线。

以下步骤如图 4-4(b) 所示。

⑪确定前大口袋位置，为前胸宽的 1/2 腰节向下 7.5cm。口袋长 15cm，后端起翘 1cm 做垂线，画袋盖高度 5.5cm。

⑫确定腋下省中线位置，上端点为袖窿谷点到前宽线的 1/2。

⑬下端点为袋盖后端点进 3.5cm，两端点连线。

⑭画腋下省前片分割线，按腰部收省量 1.5cm 均分后的位置点，从上端点开始自然圆顺画线至腰部后再垂直于下摆平行线。

⑮画腋下片分割线，从上端点开始自然圆顺画线至腰省位后，再向前倾斜与前片分割线相交叉后，外弧线画线交于下摆线，重叠 0.5 ～1cm。

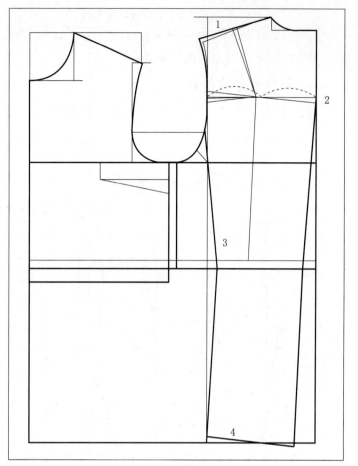

图 4-3 后衣片制图

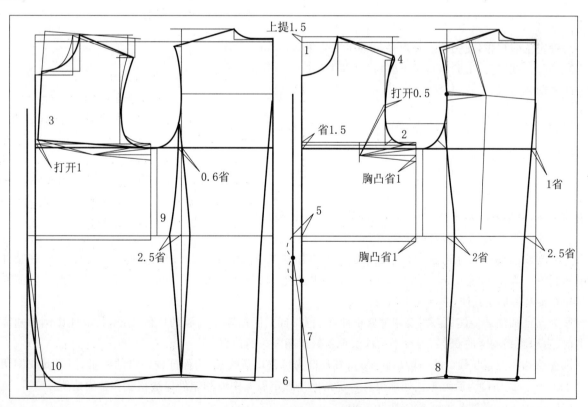

图 4-4(a) 前衣片制图

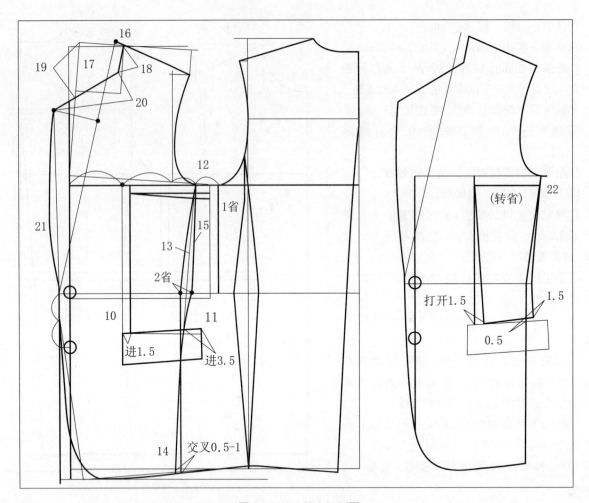

图4-4(b)　前衣片制图

⑯确定上驳口位,前颈侧点顺延2cm为上驳口位。

⑰画驳口线,连接上驳口位至下驳口位(即上扣位)。

⑱画前领口线,长5cm,平行于驳口线。

⑲前领深10cm,确定串线位置。

⑳画串口线,为前领口与前领深连线,与驳口线夹角为45°左右,驳口宽8.5cm。

㉑画前驳领止口辅助线。

㉒图4-4(b)的右图处理胸下的1cm胸凸省量,画前中腰省线,其位置距袋前端1.5cm,垂直于腰部至胸围线,将1cm胸凸省尖延长与前中腰省相交确定胸凸点,按所画省线与袋口线剪开,以胸凸点为基点转省,将胸下的1cm胸凸省量,转至前中腰省。腰围处打开1cm,袋口处打开1.5cm。

步骤4　修正衣片,袖窿及领子制图,如图4-5所示。

①根据成品规格所制定的1/2胸腰差为8cm,再加制图中所增加的1.6cm,应收9.6cm腰省量,在腰部从后中开始依次为2.5cm、4.5cm、2cm、0.6cm。前中腰省线因转胸凸省已打开1cm,重新调整修正此省时需要将0.6cm胸腰差省加于此处,共计为1.6cm。

②为保证袖窿的最佳状态需要调整修正袖窿底宽与前、后袖窿平均深的比例关系,其最佳比例为袖窿底宽占前、后袖窿平均深的65%,通过平均深值重新修正胸围线的位置。

③在前颈侧点延长领口线与驳口线平行,其长度为后领口弧线长,为保证领外口的松量,需要此线倒伏角度为12°~13°,此角度为后续工艺处理留有一定余地。确定后领中线和领外口造型线和领尖造型。

④驳嘴4.5cm、领嘴3.5cm,领尖造型画好。

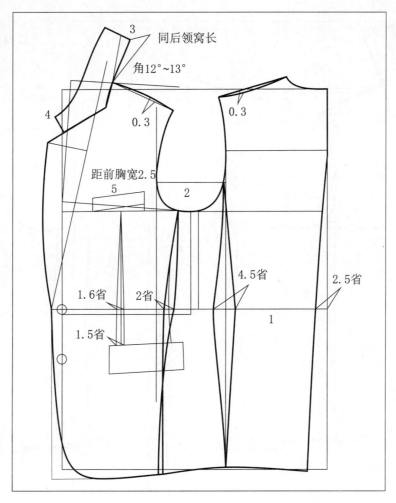

图 4-5　修正衣片、袖窿及领子制图

⑤手巾袋位置距前宽 2.5cm，袋长 10cm，袋高 2.5cm，起翘 1.5cm。

⑥修正前后小肩斜线，后小肩凸起 0.3cm，前小肩下凹 0.3cm。

步骤 5　袖子制图，如图 4-6 所示。

①首先根据男西服最佳袖型要求，求证袖山高，其方法为：1/2AH（袖窿弧线长）×0.707（正弦值），即袖山高所对应的角为 45°。在袖窿上制图画袖子，参照胸围线上提 1cm 平行画基础袖肥。

②在基础袖肥线上，顺前宽垂线量取袖山高后画袖山上平行线。

③从基础袖肥和前宽垂线的交点用 1/2AH 计算的长度线交于袖山上平行线，此线与袖肥线形成的夹角约 45°，取得袖肥尺寸。

④画袖长尺寸及袖口下平线。

⑤袖肘位置为 1/2 袖长＋5cm 画袖肘线。

⑥画大袖前缝线（辅助线），由前袖肥前移 3cm。

⑦画小袖前缝线，由前袖肥后移 3cm。

⑧将前袖山高分 4 等分做为辅助点。

⑨前袖山高分 1/4 点为对位点。

⑩在上平线上将袖肥分 4 等分做为辅助点。

⑪将后袖山高分 3 等分为辅助点。

⑫、⑬、⑭、⑮为袖山弧线的辅助线。

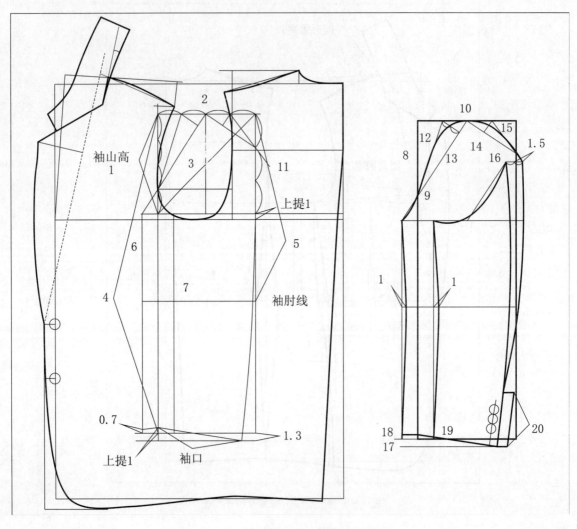

图 4-6　袖子制图

⑯在后袖山高 2/3 处点平行向里进 0.3cm，与袖肥 1/2 处连线。

⑰从下平线下移 1.3cm 处画平行线。

⑱在大袖前缝线上提 0.7cm，前袖肥中线上提 1cm，两点相连，再从中线点画袖口长线交于下平行线。

⑲连接后袖肥点与袖口后端点。

⑳袖开衩 10cm。

第二节　男西服实用纸样设计

　　根据前节原型制图方法的分析，不难理解服装结构与人体密切相关，纸样是参照人体并结合具体款式展开的二维的平面结构图，因此正确的纸样必须保证立体成型后（形成三维的状态）结构要平衡、整体应均衡。掌握了基本标准纸样构成后，要进一步解决每个特定人体与款式造型实用纸样的设计方法。这是由于即便同一标准数据的人体其外形和体态也不尽相同。根据对象要求参照基本标准纸样要做相应的调整。另外纸样设计（版型）同时还应与流行工艺等因素综合考虑才能获得其实用性。

一、男西服纸样设计的调整

(一)胸围线部位的调整

胸围是造型的基础,胸的塑造与特定人体自身的胸高和版型设计密切相关,男装款式追求的是造型的韵律之美,西装的廓型如 V、H、X 型分别体现了不同的设计风格和特点,因此通过调整胸部状态,然后根据标准纸样建立的塑型方法便可取得相应的版型。

1.胸部造型是男西服版型变化的关键,因此除挺胸人体需要适当增加胸凸省量外,其他的体型也可通过胸凸省的增加或减少取得不同西服的造型,其调整方法是根据标准体建立的胸凸省计算公式:B/40+(调节量)适当增加与减少调节量,通过省的转移、加大和减少撇胸等方法控制不同的造型。

2.男西服不同版型的塑造,与前胸宽、后背宽、袖窿底宽的构成相关,同时结合胸凸省量的调整设计和相互配合,取得衣片的结构平衡是很重要的。纸样设计中的前后腰节差量也最能体现出版型特征。标准纸样后腰节长于前腰节 1.5cm 左右,如果想获得较丰满的胸型,随着胸凸省的加大调整,前腰节长自然加长,其前后腰节差会相应减少,而平胸的版型则与其相反。

3.胸围是造型的基础,标准纸样所确立的后背宽、前胸宽的比例公式为:1.5/10B+5cm 和 1.5/10B+3.5cm,其计算的比例关系体现的是胸围变化的规律,即这两个部位增减变化各为胸围增减量的 1.5/10,而公式中的调整量(常量)则可根据特定人体的宽厚关系进行适当调整。因为无论从标准体还是特定人体来看,同样身高同样胸围的人其形态是不尽相同的。

(1)前胸丰满体的前宽计算公式中的常量可适当增加,后宽则减量。

(2)后背宽厚的人体,后宽计算公式中的常量可适当增加,前宽则减量,这种体型西方人较多,因此欧版服装往往后宽较大前宽相应要窄。

(3)薄体型,前后宽计算公式中的常量都适当增加,隆底厚度会减少,总肩宽则增宽。

(4)厚体型,前后宽计算公式中的常量都适当减量,隆底厚度会加宽,总肩宽则减少。

(二)肩部及肩线部位的调整

后肩背部对应于人体是从上臂肱骨头水平位置至肩胛与到颈椎的区域。男人体肩部和后肩背部位的塑造要准确,其中要考虑后袖窿肩胛省、后背胸围线的省、后领深的调整。其中与之相关的肩斜角度的设计与调整极其重要。

1.后背宽厚的人体,后袖窿肩胛省参照标准比例公式 B/40B+(调节量)适当增加常量加以调整,后背胸围线的省采取同样方法也要加量调整,再根据工艺要求进行纸样应用转省处理。由于后背宽厚的原因,后领深也要参照标准比例公式 B/40-(调节量)适当减少常量加以调整而加强领深。

2.前胸丰满后背平直的人体,后袖窿肩胛省参照标准比例公式 B/40B+(调节量)适当减少常量加以调整,后背胸围线下省采用同样方法减量调整,再根据工艺要求进行纸样应用转省处理。由于后背宽平直所至,后领深也要参照标准比例公式 B/40-(调节量)适当增加常量加以调整而减少领深。

3.服装的肩线是最贴近人体的部位,又是连接领子与袖子的结构线。服装肩部尽管没有领袖的造型变化丰富,但如果处理不好既会影响到领子平服又会影响到袖子的形态。而且它是人体对服装主要的支撑部位,因此在结构上,对肩部的要求往往比对其他部位的要求高。

大部分衣服都是靠肩来承担其重量,只有少数较紧身的衣服是由身体其他部位,如胸背分担。即便较为宽松的衣服肩部也要贴合得非常准确,这时肩部尤其起悬垂支撑点的作用。而合体的衣服就要求更高,如果肩线不合适,服装的重量不能均匀地分布在整个肩部,而是集中于某一点,穿着后会觉得不适,时间久了会感到疲劳。而且服装的外观也不平整,在颈侧或袖窿处会有布料涌起,侧缝窿底的布料会受到牵拉,甚至会影响到胸腰的造型。因此,人体肩部与服装肩线的角度和位置就显得至关重要。

(1)要保证人体的舒适感就得考虑服装肩部与人体肩部的接触点以及肩斜角度对肩线的影响。正确的服装肩线的中部应与人体接触,这样服装的重量是由处于肩棱部位的斜方肌来承重,颈侧和肩端都不受压迫,也

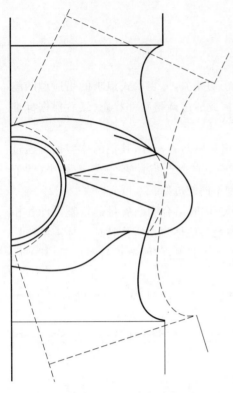

图 4-7　标准体肩斜角度

能使服装外观严整。而做到这一点难度较大，即使是单量单裁，也很难保证在纸样上没有误差。往往肩斜只有一度之差，就会改变接触点的位置。可以适当减小肩斜度，并以垫肩来调节。这种方法使肩线与人体在颈侧接触，肩端加放垫肩，通过这样的修正就能符合大多数人的体型，而且也易于使领子与脖颈贴合，使外观看上去比较完美，还能够增加服装肩部的运动适应性。不足之处是长时间穿会使颈侧受压迫而感到疲劳。而如果肩线的倾斜角度大于人体肩斜，则衣服的重量全靠肩峰承担，这种肩部的接触方式使肩端受压，衣服缺少稳定性，领口与脖颈不容易贴合，必须调整倾斜度。因此不合标准的人体，应该使其修正到理想的标准体肩斜角度，如图4-7所示。

（2）肩部骨骼肌肉的形态对肩线起重要作用。由于锁骨的弯曲和前凸的肱骨头部形成了前肩部向前的凹弧，略向前弯曲的肩部形态影响到肩棱和服装肩线的走向，所以服装的肩线并不是简单的直线。人体前后面是不同的，由后肩部的斜方肌所构成的肩棱是呈前弯曲线。由于肩部是由复曲面组成的，用直线形成的平面性的肩是难以合体的。因此，在服装纸样上，经常把前片处理成略微凸起而后片略凹下的曲线形式。但附着在骨骼上的肌肉又给这条曲线带来了复杂性。由于肌肉发达程度不同，男人体肩部形态大致有三种类型。常见的是肩宽中部平坦的中性肩型，这种肩型的肩线较为简单。前片的肩，因人体平坦而不作变动，后片为了附和肩胛棘的状态，后肩部要设省，通过缩缝工艺并稍稍归拢。肌肉发达的男性肩线中向上隆起，肩线也要相应作曲线处理，前片肩线应稍凸起，后片为对应前片也要略微隆起，然后归拔，但不要太弯曲，否则服装难以平整，如图4-8所示。

（3）肩线对领、袖有重要影响，领、袖的合适与否也会表现在肩线上。确定修正肩线的方法可将前后衣片领口对合，领口形态较理想时，所对应的肩斜也可基本是合理的。肩线上如出现皱摺，是因为领围的长度不合适而使肩线的布料被牵拉以弥补缺量。而如果袖子与袖窿配合不好也会使肩线外观异常。另外，在肩峰或者上肢运动时，衣服在肩端处吊起，集中了服装的压力。考虑到分散压力，肩部结构应保证人体适当的运动量，可以在肩端或衣身加放松量，但必须协调好衣服造型与放松量的关系。

（4）一般而言，人体各不相同，服装肩线也应有所差异。每个人的肩宽、肩的厚度、肩的斜度都形成了各自相应的肩线形态。但标准体人体肩宽约等于两个头长，肩斜角度最为稳定，男标准正常人体的肩斜约为21°～23°左右。肩较厚的人，肩线不易确定。肩瘦削的人肩棱明确，确定肩线较容易。也有双肩不对称的人，只靠肩线的正确纸样还是不能做到服帖的肩部造型，肩部结构对应于款式造型又极其关键，因此不合标准的人体，必须靠衣服塑型弥补，尤其是西服必须借助推、归、拔烫工艺，靠对面料的改变塑造形成容纳肩胛的空间，把平面的肩线转变为立体的肩部造型。肩斜角度是控制衣片结构平衡的关键，同样标准纸样所确立的前后落肩的比例公式：B/40B+（调节量），其计算公式中的比例关系体现的是胸围变化的规律，即这两个部位增减变化各为胸围增减量的1/40，而公式中的调整量（常量）则可根据特定人体的肩斜角度和具体款式肩缝线的位置关系，也必须进行适当调整。这还要结合垫肩工艺处理方法来完成。人工归拔技术要求高，很难控制，工业生产采用高温定型设备较为理想。在纸样设计时，就要考虑到肩省问题，留出适当的余量以便于推、归、拔烫工艺处理的需要。

（5）作好肩线不仅是解决结构问题，它也影响造型的变化。能否处理好肩部的造型也是评判一件衣服档次的关键，尤其是男西服，既要使肩线符合人体曲度，又要达到重塑完美人体的目的，肩线的塑造就显得尤为重要。合体而略上翘的肩给人以优雅清秀的绅士感觉，而合理宽肩的造型又能突现男性的伟岸和力量。

另外，服装的流行元素也体现在肩的微妙变化中，流行的因素往往在于肩的宽度，垫肩厚度，肩与袖的关

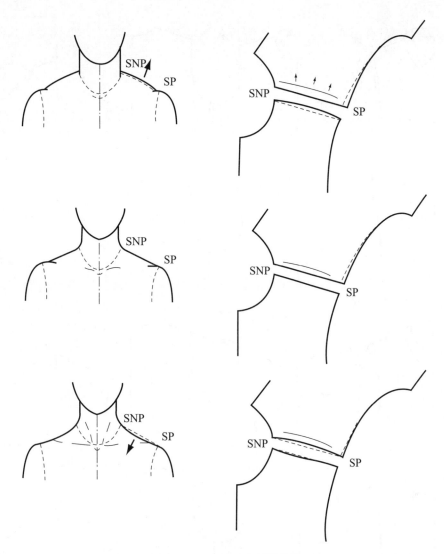

图4-8　不同肩型的纸样处理

系上。根据服装设计对款式的要求,肩线也随之而改变。男西服如果做翘肩,则肩线靠肩端点处应有翘势,同时肩中部稍向下凹,并借助垫肩和袖窿形状来塑造。如果做自然肩型,则肩宽可略微减小,增加袖山高度,在肩峰处自然连接,通过肩缝劈开熨烫,形成柔和饱满的效果。把基准肩线向前或向后移动,可以使肩部的外观变得柔和或刚挺。后偏的肩线使衣服肩部倾斜变成溜肩状,增加了柔软感。而且如果想使条格图案在肩线对齐,就得采取向后移动肩线的方法。而肩线前偏会使肩线与肩棱基本重合,从正面看是倾斜的轮廓,有整齐硬挺感则更加符合胳膊向前运动时前倾的律动感。而较宽肩的肩线会自然延长,要适量减少袖山和袖长,体现出宽松休闲装的造型。反之则有拘谨的感觉,这在男装设计中较少运用,如图4-9所示为不同服装肩部造型与纸样的关系。

　　肩部装饰性强而且富有多样性,可以说是衣服内在美的体现。如何塑造好肩部空间,更需要对服装结构和对人体的深刻把握。同时也要顾及其他部位的造型,处理好肩与领、袖、大身的关系,并施以精工,才能做出理想的服装。

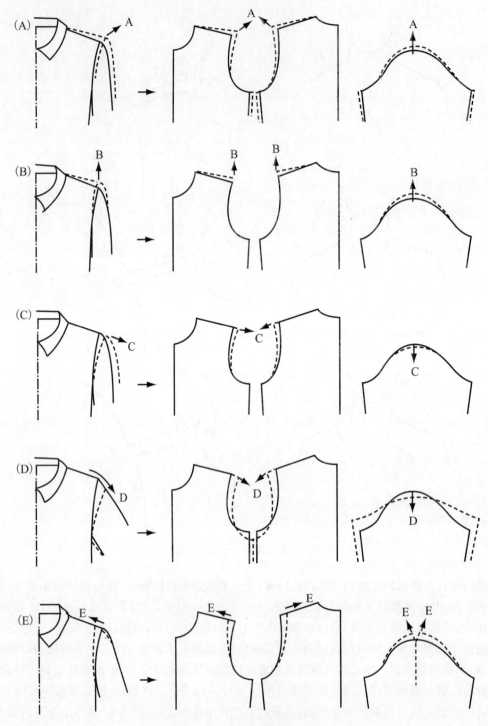

图 4-9 不同肩斜与纸样的关系

(三)前胸部位的调整

在后肩背部纸样塑造完成后,胸部的塑造与特定人体自身的胸高和版型设计密切相关,因此通过调整胸部状态,然后根据标准纸样建立的塑型方法便可取得相应的版型。另外版型设计涉及:

男西服在塑型时后衣片比较稳定,所以版型变化重点是前胸的塑造。同样条件的人体,在后背衣片确定不变的状态下,通过前胸部位的调整,会取得不同的造型。例如要取得理想的宽厚胸部的款型,势必要加长前衣片的腰节长,从而增大胸部省量,前胸部宽间量加大,这为工艺塑型创造出条件,与此同时必须考虑特定面料的可塑性能及相应支撑这一空间量所需要的辅料特性。另外纸样必须与具体的实际款式造型所要求的工艺技术处理统筹设计。如采用单件纯手工工艺的操作方法与成衣工业化生产的方法是有区别的。前者采用熨斗推归、拔烫塑型，用手工方法敷胸衬，而后者则采用前胸部位定型设备热塑定型，使用敷衬机采用统一标准敷衬塑胸的方法，纸样处理不尽相同。单件手工工艺采用人性化的手法，故前胸纸样要留有较多的余地，以备修正。成衣加工工艺由于采用标准的定型机一次完成，前胸纸样要与机械设备匹配，以获得理想的西服胸部造型。

因此纸样调整要与面、辅料及工艺处理相结合，通过具体部位的纸样调整可以为工艺技术奠定好相应的塑型条件，这是纸样设计很重要的要素之一。

（四）袖窿状态与袖山的调整

由于男西服造型中袖窿形态与袖山的关系极为重要，因此标准纸样所确立的关系是调整具体袖窿状态与袖山的依据。穿上西服之后，手臂应该能够向上、向前后做小幅度的运动，所以西服的舒适性与运动功能性都集中体现在袖子与袖窿的接合处。袖子与袖窿的良好配合能让西服看起来既美观又不防碍基本的运动。西服袖山的造型一般根据袖窿的尺寸和形状塑造，所以袖窿的结构设计也就成了西服结构设计的关键之一。

1.西服是比较合体的服装，其袖窿造型来源于人体臂根部纵断面的形状，即可将人体臂根视作放松量为零的袖窿原型，在此基础上加放松量即成袖窿。臂根的剖面是经过肩峰点 A—前腋点 B—腋底—后腋点 C 形成的（图 4-10）。从 B 点到 A 点到 C 点的臂根上半部为三角肌，靠近肱骨头，所以上部坚实稳固，是支撑衣服的主要区域。服装在这一区域几乎是紧贴人体，所以也称之为贴合区。贴合区对于袖窿和袖山的形状都有很大的影响。在贴合区中，肩峰点 A 到前腋点 B 这段曲线的曲度较强，而 A 点到 C 点曲度则较弱。在实际作图中，这一细节往往容易被忽视。因为重力的关系，这段曲线即使不按人体形态走，也还是会贴合人体，但由此产生的力的作用则会使袖窿变形，进而影响到整个袖子与袖窿的形态，西服纸样设计的袖窿参照人体形态要进行必要的修正，袖窿与人体臂部要有一定的合理的空隙松量，因此需要采用垫肩和相应的缝制工艺处理，使之在满足造型和运动功能的基础上自然贴合人体。这一点应十分注意。BC 线以下的部分，尤其腋底即服装制图的胸围线至人体臂根底，通常在服装的袖窿中具有空隙量。这个空隙根据造型需要可设计出不同的深度，其形状应模仿人体臂根底的形状进行适度修正与设计。相对于上部贴合区而言，这段区域具有相当大的自由设计空间，所以也称这一部分为自由设计区。

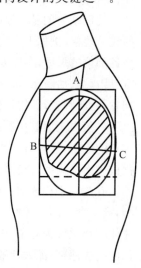

图 4-10　臂根与袖窿

2. 以人体的臂根形状和大小为依据，西服的袖窿在此基础上加放松量。松量的加放也是根据人体而定的。在贴合区域内，服装几乎紧贴人体，在抬臂 45°范围内以及向前后作轻微摆臂运动时，皮肤的拉伸量较小，所以松量只需很小，满足内层服装和西服布料以及垫肩的厚度即可。而在自由区情况则不同，上肢运动时腋下皮肤的变化非常大，需要使用弹性的布料或者在腋底作特殊的结构处理，否则就无法满足运动所需的量，所以即使是穿西服运动量很小，腋下还是必须给出足够的空间以满足运动的需要。但是同时松量不能过大，否则在手臂下垂时会在前后袖窿以及袖下和侧下形成多余的褶皱，也不容易配置出理想的袖子，影响整体的美观。

3.袖窿的形态主要由袖窿弧长和窿宽窿深的比例关系来决定。

（1）由于体型的不同在修正前后宽的过程中，应尽量保证袖窿底符合标准纸样的理想状态，另外由于肩斜角度和前后袖窿弧线调整变化，在保证袖窿底与前后宽最佳比例的基础上，尽量通过袖窿底与袖窿均深比值的计算值，确立袖窿状态，即采用：袖窿底÷0.65 的值来指导和修正袖窿深及胸围线的位置。但宽厚的人体由于袖窿底较宽，其与前后袖窿均深的比值则需要适量加大。

（2）标准纸样袖子的理想造型与衣片中的袖窿平衡关系的配合密切相关，袖山高采用基础直角三角求边长方法 AH/2×0.707（正弦）制定，但当袖窿底与前后袖窿均深比值经修正，比值超过 0.65 时，其袖山高则应根据计算出的袖窿成型后的圆高确定较好,或按一般经验参照前后袖窿均深的 4/5 制定。

二、男装纸样设计的实用性

服装纸样设计必须强调实用性的特征。在充分理解男装结构构成原理的基础上,纸样设计可以通过归纳、总结找到更加简洁的应用方法。尤其像男西服等服装具有款式变化的保守性和结构形式规范化的特点,完全可以采用二维平面比例裁剪的形式来完成纸样设计。

我国最早接触的西式裁剪方法基本上是平面比例裁剪,至今仍在广泛使用,所以也称之为"传统比例裁剪",是一种实用的纸样设计方法。

近年来,随着理论研究的深入,各种学术观点相继产生,表现在服装结构设计方面认为比例裁剪太经验化,不适应现代服装造型的需要。其实比例裁剪、原型裁剪、立体裁剪虽然是三种不同的服装造型构成方法,至于采取哪种方法获得的结构更理想,除了方法本身的适应性外,更主要的还是看设计者对这种方法的研究深度,每一种方法都有一定的优点和不足。正确的是吸收各种方法的优点,避免局限性,建立一套更加科学性、变化灵活的结构设计理论和实用方法。

比例裁剪的基本原则是以人体测量数据为依据,根据款式设计的整体造型状态,首先制定好服装各部位的成品规格,例如上衣包括有衣长、胸围、腰围、臀围、总肩宽、领大、腰节、袖长、袖口等尺寸;然后根据成品规格各部位的尺寸,参照人体变化规律设计合理的计算公式,上衣主要以胸围的成品规格为依据,推算出前胸宽、后背宽、袖窿深、落肩等公式。领深、领宽一般也可参照领大成品规格尺寸进行推算,而构成人体体积的前胸省、后肩胛省,其省量根据所在位置大多采用经验估量或参照胸围尺寸,用技术方法确定出来。

一般男士服装中款式较规范的造型,较定型的服装如标准衬衫、西服、西裤及宽松式的茄克,其结构通过多年的应用,经与科学的结构原理相结合,可以制定出比较成熟的实际应用公式,较好地解决从立体的人体转化成平面结构图,再转化为立体的服装的简洁而实用的正确制图方法。

在制板中构成衣片的结构线、块面无不是以人体的特征及造型的需要而紧密相结合,真正较好地完成造型,满足穿着的舒适性、功能性的各种条件,比例裁剪法是通过计算公式的经验数值的调整来完成的。由于人体体型变化极为复杂,构成人体的体块都是不规则体,必须寻找平面构成的规律,利用最简洁的方法融合各部位的构成原理,深入理解服装与人体之间的对应关系,如袖窿与袖山的配合关系;省、褶的构成变化规律;省的移位与变形;领子与领围的配合关系等,反映出平面状态下的衣片结构。

由于现代服装较过去有着很大的不同,因此平面比例裁剪必须去除经验裁剪保守思想,将经验性的感性知识上升为理论,改变比例裁剪多年来一直停留在感性与理性的边缘地带的状态,才能较好地发挥它的作用。

比例裁剪与原型法的最大区别在于样板成型的过程。原型法是二次成型制图,比例裁剪由于是一次成型制图,故受其定型性的影响,有局限性。本书将在应用部分结合成衣比例原型构成原理与立体裁剪研究,力图扩展比例裁剪的优势,克服缺陷,采用一次成型的比例裁剪方法,最大限度地满足现代服装结构设计所要求的快捷、实用、科学制板的需要。

三、版型设计的其他因素

(一)流行趋势

流行趋势的体现是服装造型,是设计师刻意求新的焦点,也是服装反映流行特征的第一因素。而制板是反映造型的手段,所以密切注意流行趋势中造型的变化是版型设计的关键之一。

(二)服装风格

在某种流行趋势下,服装因消费人群的不同又有不同的风格定位,这种风格定位首先表现到造型或裁剪的细节上,这些裁剪的细节表达出服装的性格,这种性格的节奏性和稳定性形成服装的风格。版型设计需要明确区别不同风格的服装之间裁剪细节的不同。

（三）服装面料与色彩图案

色彩会产生膨胀感和收缩感，为达到某种设计效果，版型要根据不同的感觉略作调整。图案与造型的关系更为密切，图案落实到裁剪要充分考虑设计效果的体现。

（四）服装材料的质地

服装面料、里料、辅料的质地性能是决定服装品质的关键，版型设计的每个局部细节都要考虑面料、里料、辅料之间相关因素和不同的工艺方法在版型中的具体处理。

第三节　男装款式变化及纸样设计

本节的制图方法是在对男装纸样结构设计理论认识的基础上，通过对比例原型的学习，从而对男装基础纸样取得规律性的总结，将原型中立体塑型的关键部位（如后肩胛省及前胸凸省）按照西服的规范形式处理完成后，可以转化采用较实用、简捷的比例裁剪方法绘制出纸样，抛开原型一次性绘制的标准体形男西服样板，同时样板中考虑了与工艺的具体处理形式。如果没有前述理论的理解，则很难运用自如，因此只要将原型基本纸样的构成原理搞清楚，才可能通过分析掌握直接的比例制图方法。

一、单排三枚扣平驳领男西服制板

（一）款式

单排三枚扣平驳领男西服，款式效果如图4-11所示。

图4-11　单排三枚扣平驳领男西服

（二）男西服成品规格

按国家号型 170/88A 制订,如表 4－1。

表 4－1　单排三枚扣平驳领男西服成品规格表　　　　　　　　　　单位:cm

部位	衣长	胸围	腰围	臀围	背长	总肩宽	袖长	袖口	领大(衬衫)
尺寸	76	106	90	100	44	44.5	58.5	15	40

此款单排扣平驳领男西服,可以理想化地塑造出男人体体型特征,在净胸围的基础上加放 18cm,腰围加放 16cm,臀围加放 10cm。与标准衬衫配合穿着,为取得较好的西服领大,在成品规格中设计了标准衬衫领大 40cm(颈根围加放 2cm)。

（三）绘制结构图

根据款式造型及成品规格,在样板纸上绘制出男西服上衣的全部结构图(包括前、后衣片、袖片、领片、挂面、袋盖、手巾袋)。

1.操作前应准备的工具、设备、用品

(1)工具:绘图尺、橡皮、铅笔、计算器等。

(2)用品:打板纸、绘图纸。

2.男西服制板的基本操作步骤

基本步骤　前后片基础结构线→前后片结构线→前后片及领子完成线→袖子基础结构线→袖子完成线。

步骤 1　前后片基础结构线,如图 4－12所示。

(下列序号为制图中的步骤顺序)

①画后中线,按后衣长尺寸画纵向线、上下画平行线。

②画腰节长,从上平线向下的长度。尺寸计算公式为衣长/2＋6cm,以此长度画腰围水平线。

③为腰围水平线。

④以 B/2＋1.6cm(省)画横向围度宽。

⑤袖窿深,其尺寸计算公式为1.5B/10＋8.5cm,据此画胸围水平线。

⑥为袖窿深线(胸围水平线)。

⑦画前中线。

⑧为下平线(下摆基础线)。

⑨后背宽,其尺寸计算公式为1.5B/10＋(5～4.5)cm。

⑩画背宽垂线,同时后背横宽线为袖窿深的 1/2 画水平线。

⑪前胸宽,其尺寸计算公式为1.5B/10＋3.5cm。

⑫画前胸宽垂线。

⑬前中线做撇胸处理,以袖窿谷点(B/4)为基准,将前胸围及中线向上倾倒,在前胸围中线抬起 2cm 呈垂线,上平线同

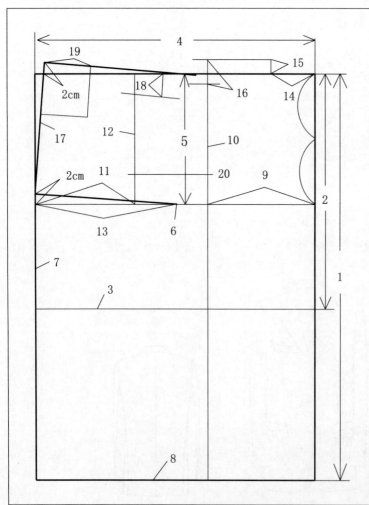

图 4－12　男西服前后片基础结构线制图

时抬起 2cm 并作垂线。

⑭画后领宽线,其尺寸计算公式为基本领围(衬衫领大)/5+0.5cm。

⑮画后领深线,其尺寸计算公式为 B/40 −0.15cm。

⑯画后落肩线,其尺寸计算公式为 B/40+ 1.35cm(包括垫肩量 1.5cm 左右)。

⑰做撇胸处理后的前中线。

⑱画前落肩线,其尺寸计算公式为 B/40+ 1.35cm(包括垫肩量 1.5cm 左右)。

⑲画前领宽线,同后领宽,从撇胸线上画起。

⑳画后袖窿与前袖窿弧的辅线,其尺寸计算公式为 B/40+3cm。

特别提示:男西服属于合体度较高的服装,此制图采用比例方法计算,计算公式中的胸围(B)为成品尺寸量,制板中应注意制图顺序及服装制图符号的准确,基础结构线线条使用正确。

步骤 2　前后片结构线,如图 4−13 所示。

①后冲肩量为 1.5cm,以此确定后肩端点。

②画后小肩斜线,从后领深点(颈侧点)连线后肩端点,此线长包括 0.7cm 的归拢省量。

③画后角平分线,定寸 3.5cm 左右。

④画后袖窿弧线,从后肩端点开始画弧线,与后背横宽线点自然相切,过袖窿弧辅助点及后角平分线至袖窿谷点。

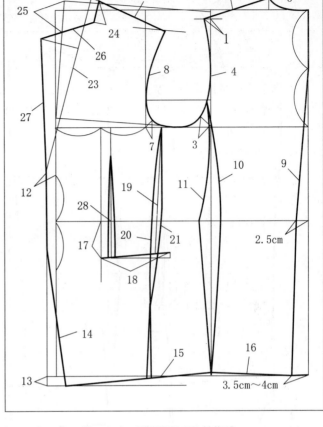

图 4−13　男西服前后片结构线

⑤画后领窝弧线。

⑥画前小肩斜线,量取后小肩斜线实际长度,减 0.7cm 省量,从前颈侧点开始交至前落肩线。

⑦画前角平分线,定寸 2.5cm 左右。

⑧画前袖窿弧线,从前肩端点开始与袖窿弧辅助线相切过前角平分线至袖窿谷点。

⑨画后中缝线,胸部收 1cm,腰部收 2.5cm,下摆收 3.5~4cm。

⑩画后侧缝线,中腰收省 2cm。

⑪画后腋下片,侧缝收省 2.5cm。

⑫画前止口线,搭门宽 2cm。

⑬画前下摆止口辅助线,下摆下移 2cm。

⑭画前圆摆弧止口辅助线,从下两扣间距 10cm 的 1/2 位置点至下端中线进 2cm 点相连线。

⑮画前圆下摆弧辅助线,侧缝起翘 0.5cm。

⑯画后下摆,侧缝起翘 0.5cm。

⑰确定前大口袋位置,为前胸宽的 1/2 腰节向下 7.5cm。

⑱口袋长 15cm,后端起翘 1cm 做垂线,画袋盖高度 5.5cm。

⑲确定腋下省中线位置,上端点为袖窿谷点到前宽线的 1/2,下端点为袋盖后端点进 3.5cm,两端点连线。

⑳画腋下省前片分割线,按腰部收省量 1.5cm 均分后的位置点,从上端点开始自然圆顺画线至腰部后再垂直于下摆平行线。

㉑画腋下片分割线,从上端点开始自然圆顺画线至腰省位后,自然画前倾的弧线与前片分割线交于下摆线,重叠 0.5~1cm。

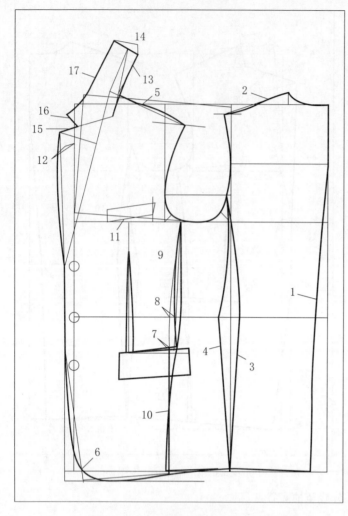

图4-14 男西服前、后片及领子完成线

㉒确定上驳口位,前颈侧点顺延2cm为上驳口位。

㉓画驳口线,连接上驳口位至下驳口位(即上扣位)。

㉔画前领口线,长5cm,平行于驳口线。

㉕前领深10cm,确定串线位置。

㉖画串口线,为前领口与前领深连线,与驳口线夹角为45°左右,驳口宽8.5cm。

㉗画前驳领止口辅助线。

㉘前中腰省距袋前端1.5cm,省宽1.5cm,垂直于腰部,省尖距胸围线6cm。

注意事项:制图中应注意基础结构线各部位尺寸及线条的准确性,绘制前后片基础结构线时首先是确立好胸围线,然后将后背宽、前胸宽分配好。尤其是省量、撇胸处理要正确,袖窿等处的弧线一定要画圆顺。颈侧点和落肩做为衣片的纵向支撑点,其位置的任何偏差都可能影响结构平衡,因此必须参照合理的计算公式设定。

步骤3 前后片及领子完成线,如图4-14所示。

①修正后中线,自然圆顺。

②在后小肩斜线中点下凹0.3cm处画弧线。

③在后片腰部以下侧缝外凸0.5cm处画自然弧线,下摆起翘0.5cm,按90°直角画顺。

④在腋下片腰部以下侧缝外凸0.5cm处画自然弧线,下摆起翘0.5cm。

⑤在前小肩斜线上凸0.3cm处画弧线。

⑥将驳领前止口及圆摆参照辅助线画自然圆顺。

⑦在袋口前侧缝省位处打开肚省0.5cm,展开1.5cm省量。

⑧在前侧线腰部展开1cm省量。

⑨将前片侧缝分割线画圆顺。

⑩修正腋下片,腋下片分割线与旗袍分割线等长。

⑪手巾袋距前宽2.5cm,袋口长10cm,从胸围线起翘1.5cm,高2.5cm。

⑫驳领装饰扣眼与串线平行,间距3cm,距止口1.5cm,扣眼长2.3cm。

⑬领下口长按后领窝弧线长,与前颈侧点的延长线相等,两线倒伏量1.5~2cm。

⑭领中线垂直于领下口线,总领宽6cm,底领2.5cm,翻领3.5cm。

⑮驳嘴宽4cm。

⑯领嘴宽3.5cm。

⑰在领外口画自然下凹弧线,领下口同时画自然弧线。

注意事项:男西服的整体前后片及领子完成线,最后经修正应画自然圆顺,制图比例正确。

男西服的结构要求有较高的规范性,因此制板中应注意形体的塑造,尤其是男体前胸和肩背部的立体状态及胸、腰、臀三围的比例关系,要创造出男性理想的倒梯形造型特点,同时在制图时注意胸高、胸腰差、臀腰差的处理,要为缝制熨烫工艺创造好条件。

步骤4 袖子基础结构线,如图4-15所示。

①按袖长尺寸,画上下平行线。

②袖肘长度计算公式为袖长/2+5cm。

③画袖肘线。

④袖山高尺寸计算公式为 AH 1/2×0.7 或参照前后袖窿平均深度的4/5(即前肩端点至胸围线的垂线长加后肩端点至胸围线的垂线长的1/2×4/5)。三种公式所形成的袖山高与袖窿圆高哪个越接近,越符合结构设计的合理性。

⑤画袖肥线。

⑥以 AH/2 从袖山高点画斜线交于袖肥线来确定袖肥量,此线与袖肥线形成的夹角约45°。

⑦画大袖前缝线(辅助线),由前袖肥前移3cm。

⑧画小袖前缝线,由前袖肥后移3cm。

⑨将前袖山高分4等份做为辅助点。

⑩在上平线上将袖肥分4等份做为辅助点。

⑪将后袖山高分3等份为辅助点。

⑫在后袖山高 2/3 处点平行向里进 0.5cm,大小袖互借1.5cm,画小袖弧辅助线。

⑬从下平线下移 1.3cm 处画平行线。

⑭在大袖前缝线上提 0.7cm,前袖肥中线上提 1cm,两点相连,再从中线点画袖口长线交于下平行线。

⑮连接后袖肥点与袖口后端点。

注意事项:男西服袖山高的设计首要的是应保证高袖山的特点,其计算方法还应视造型与功能的要求确定,制图时袖子基础结构线上的辅助基础线要正确。

步骤5 袖子结构完成线,如图4-16所示。

①按辅助线画前袖山弧线,前袖山高4等份的下1/4辅助点为绱袖对位点。

②按辅助线画后袖山弧线,上平线袖山高中点前移 0.5～1cm 为绱袖时与肩点的对位点。

③前袖肘处进 1cm 画大袖前袖缝弧线。

④按辅助线画后袖缝弧线,袖开衩长 10cm,宽 4cm。

⑤袖肘处进 1cm,画小袖前袖缝弧线。

⑥按辅助线将小袖山弧线画顺。

⑦袖开衩长 10cm,宽 4cm。

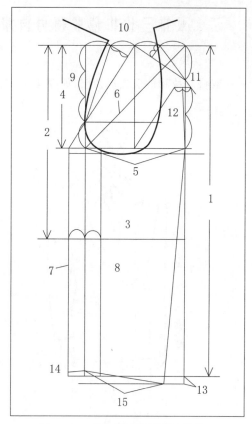

图4-15 男西服袖子基础结构线

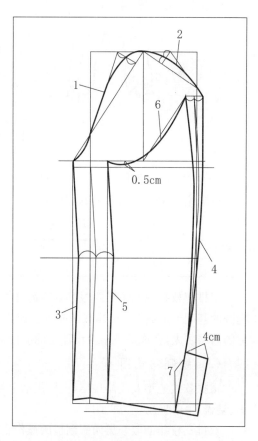

图4-16 袖子结构完成线

二、双排三枚扣戗驳领男西服制板

(一)款式

双排三枚扣戗驳领男西服,如图4-17所示。

图4-17 双排三枚扣戗驳领男西服

(二)双排三枚扣戗驳领男西服成品规格

按国家号型170/88A制订,如表4-2。

表4-2 双排三枚扣戗驳领男西服成品规格表　　　　　　单位:cm

部位	衣长	胸围	腰围	臀围	背长	总肩宽	袖长	袖口	领大(衬衫)
尺寸	76	110	92	102	44	45.7	58.5	15.5	40

　　双排三枚扣戗驳领男西服其款式造型相对单排扣平驳领男西服更加强调出倒梯形男人体体型特征,在净胸围的基础上加放22cm,净腰围基础上加放18cm,净臀围基础上加放12cm。与标准衬衫配合穿着,为取得较好的西服领大,在成品规格中设计了标准衬衫领大40cm(颈根围加放2cm)。

(三)绘制结构图

　　根据款式造型及成品规格,在样板纸上绘制出男西服上衣的全部结构图(包括前、后衣片、袖片、领片、挂面、袋盖、手巾袋)。

　　双排三枚扣戗驳领男西服制板的操作步骤(图4-18)可参照单排款扣西服制图方法。

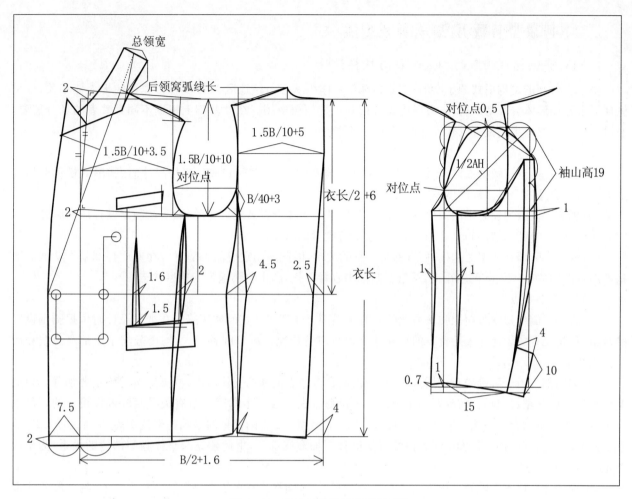

图4-18 双排三枚扣戗驳领男西服

第四节 现代男西服版型变化方法

男西服作为国际化的服装,其造型与特定人体、功能、着装 TPO 原则相关,另外男西服版型与设计师的风格相关。版型作用于款式,目前服装界对版型的分类主要从整体上分为欧洲、美国、日本等形式或以英文字母 V、X、H 划分,不难看出版型与着装对象密切相关,因此研究版型的变化离不开特定人与穿着要求。

一、版型基本设计要素

1. 确立款式造型,分析不同人体的状态与服用功能和着装形式的审美要求。

2. 确立款式廓型,版型设计首先确立出整体廓型,V、X、H 型或具有某种中间倾向的廓型。

3. 确立款式造型的体积形态,分析着装对象形体、款型风格特征,从而确立服装的基本立体状态和各局部的形态。

4. 确立款式规格,根据不同服装整体廓型与形体状态,建立主要规格尺寸,服装主要控制部位的数据要符合西服 V、X、H 廓型与立体塑型的关系。

二、不同版型构成方法

(一)V字倒梯形西服的构成特征与纸样设计

由于男西服的结构形式源于欧洲,因此其廓型和体积状态与该地区V字倒梯形宽厚的男人体相关,也是体现男士最佳形体的版型,一直成为现代较流行的正统西服造型。在此基础上根据不同穿着者的场合需要,通过结构设计的适当调整可以获得近似V字的多种版型。

1. 规格建立要点

(1)胸部 由于该版型强调V字框架,故为保证肩宽的形式,在制定成品规格尺寸时,胸围的松量要尽量加大到西服成品的上限。标准体一般可参照净胸围加放20～22cm。

(2)腰部 该版型较适于国家标准体Y、A、B体型即净体胸腰差较理想的状态,在制定设计成品胸腰差时应能保证腰部在制图时有16cm的省量,造成腰部有收紧的状态。

(3)臀部 胸部是造型的基础,而臀部是造型的关键,因此在制定成品臀部时应在保证臀部基本功能活动量即净臀围加放8～10cm的基础上,尽量在制图中收紧下摆,产生收腰抱臀的造型状态。

2. 制图塑型要点

(1)肩部 倒梯形欧版西服强调肩宽的同时更强调上体理想的宽厚体积感。在纸样设计时依据胸围设置的规格,首先要有意识地加大后背宽的尺寸才能使总肩宽加宽。后肩胛省增大,均衡分配于后袖窿弧线和后小肩斜线上。

(2)胸围部 由于胸围松量的增大,在分配松量时为产生上体的立体厚度,袖窿底宽的松量要加强。组成胸围部位的后背宽、袖窿底、前胸宽的比例公式的设置方法可参照本章第二节有关男西服纸样设计的调整中有关胸围线部位的调整方法。后背宽、袖窿底、前胸宽所占1/2胸围松量的基础比例依次为35%、40%、25%,在实际制图中袖窿底还要将胸围线收掉的省量追补到袖窿底部位,由此建立起整体胸围部位的关系,为塑型垫定了良好基础。

(3)前胸部 倒梯形欧版西服前胸一般塑造得较高,基础胸凸省量较大可控制在3cm左右,通过转省应准确分配于前袖窿弧、撇胸于前中线、前中腰省、前腋下侧缝线(此位置一般版型较少有此处理)。因此前后腰节差量明显小于一般版型。

(4)腰部 根据倒梯形形体状态,由于肩背部发达,一般后腰围较前腰凹陷,因此后中线及三开身结构的后侧缝收省量占总省量的80%～85%左右,产生后吸腰的立体形态。

(5)下摆部 根据该版型收腰抱臀的要求,按照后中缝腰收省量的数据,其后下摆收摆量要大于中腰省量1.5cm左右,结构制图的后中线倾斜度较大。

结构设计制造的三开身衣片为后续制作工艺创造了良好的条件,经过严谨的推归拔烫熨烫和缝制处理,才能使其取得V字倒梯形立体感较强的西服造型。

3. 版型示例

(1)款式效果图:单排一粒扣戗驳领男西服,如图4-19所示。

(2)单排一粒扣戗驳领男西服成品规格:欧版50号,如表4-3。

表4-3 单排一粒扣戗驳领男西服成品规格表　　　　　单位:cm

部位	衣长	胸围	腰围	臀围	背长	总肩宽	袖长	袖口	领大(衬衫)
尺寸	78	108	96	107	44	46	65	15	42.5

此款男西服理想化地塑造出V字倒梯形男人体体型特征,强调后背宽厚度,因此相比同一胸围的西服,此款总肩宽较宽,前宽则相应较窄,在净胸围90cm的基础上加放18cm,净腰围84cm基础上加放12cm,净臀围92cm基础上加放14cm。成品胸腰差小,适用于A型至C型体,有较大的穿着范围。与标准衬衫配合穿着,为取得较好的西服领型,在成品规格中设计了标准衬衫领大42.5cm。

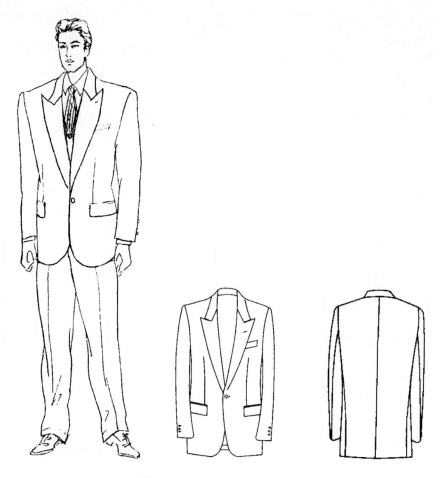

图 4 - 19　单排一粒扣戗驳领男西服

(3)主要制图公式:如图 4 - 20。

①后衣长 78cm。

②胸围 $B/2+3.1cm$ (省),腋下设 1.5cm 省。

③袖窿深,其尺寸计算公式为 $1.5B/10+9.5cm$,强调袖窿均深与袖窿底的理想比例。

④从上平线向下确定后腰节长。尺寸计算公式为衣长/2+6cm。

⑤后背宽,其尺寸计算公式为 $1.5B/10+5.8cm$ 。

⑥前胸宽,其尺寸计算公式为 $1.5B/10+2.8.cm$ 。

⑦前中线做撇胸处理,以袖窿谷点(B/4)为基准,将前胸围及中线向上倾倒,在前胸围中线抬起 2cm 呈垂线,上平线同时抬起 2cm 并作垂线。

⑧后领宽线,其尺寸计算公式为基本领围(衬衫领大)/5+0.5cm。

⑨画后领深线,其尺寸计算公式为 $B/40-0.15cm$ 。

⑩画后落肩线,其尺寸计算公式为 $B/40+3.3cm$ (包括垫肩量 1.5cm 左右)。

⑪前落肩线,其尺寸计算公式为 $B/40+1.3cm$ (包括垫肩量 1.5cm 左右),前肩缝向后借量。

⑫画后袖窿与前袖窿弧的辅线,尺寸计算公式为 $B/40+3cm$ 。

⑬袖子采用高袖山的计算方法 $AH/2×0.7$,袖子的详细构成参照图示。

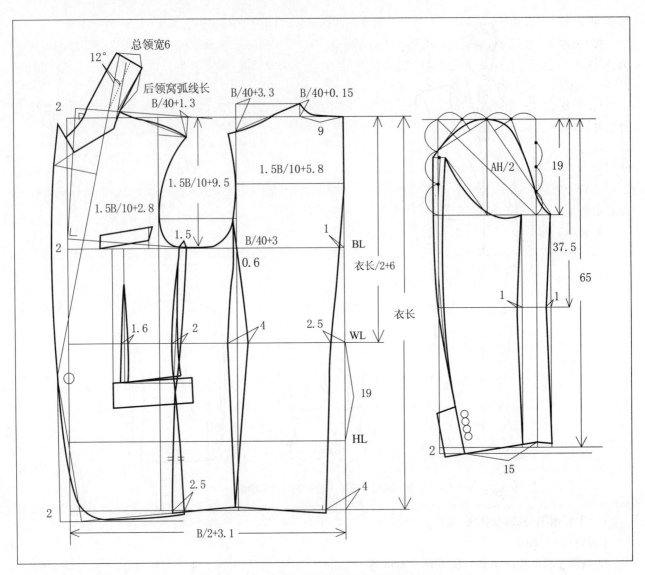

图4-20　单排一粒扣戗驳领男西服制图方法

(三)X型西服的构成特征与纸样设计

X型男西服的造型结构形式据说源于早年英国的绅士服,是较为保守的传统西服样式,其廓型呈翘肩,强调收腰,而下臀摆适量放开,虽然该造型不是现代流行的款式,但作为学习结构的一种服装款式还是很有代表性的。

1.规格建立要点

(1)胸部　由于该版型强调X型框架,肩宽较适中,因此在制定成品规格尺寸时胸围的松量要非常适体。胸围松量一般可参照净胸围加放16～18cm左右。

(2)腰部　该版型较适于标准Y、A体型,即净体胸腰差较大的体型,在制定成品胸腰差时应能保证腰部在制图时有20cm的省量,造成腰部有较收紧的状态。

(3)臀部　胸部是造型的基础,而臀部是造型的关键,因此在制定成品臀部时应在保证臀部基本功能活动量的状态下再加放出造型设计量,即在净臀围加放8～10cm的基础上再加8～10cm,在制图中通过放摆产生收紧腰部、肩型上翘、下摆放松的X型造型。

2.制图塑型要点

(1)肩部　X型西服肩宽适体,同时强调肩头自然上翘,纸样设计时肩斜度尽量符合自然肩斜的状态,有意识地在后小肩斜线设省的同时,在前后肩斜上作凹弧形处理,为工艺塑型创造条件。

(2)胸围部　由于胸围松量适中,组成胸围部位的后背宽、袖窿底、前胸宽的比例所占 1/2 胸围松量依次为 30%、40%、30%,在实际制图中袖窿底还要将胸围线收掉的省量追补到袖窿底部位。袖窿底占袖窿均深长的 65%,以这一比例关系建立理想的袖窿状态。

(3)前胸部　X 型西服前胸塑造适体,基础胸凸省量控制在 2.5cm 左右的标准量,也可以根据特定人体自身条件,调整好前后腰节差量,掌握好前胸部的结构平衡。

(4)腰部　根据 X 型造型状态,因此根据制图所创造的三开身结构的收省总量,衣片后部位量占总省量的 80% 左右,产生较强的收腰立体形态。

(5)下摆部　根据该版型的特点、臀部放松量设计要求,按照结构分割线要求自然放摆。后中线下摆收量与后中腰收省量相同,后腋下片下摆放摆量要大于前腋片放摆量。

3.版型示例:此款式为猎装形式,后腰部采用橡筋收紧,强调出该版型的特点。

(1)款式效果图:单排三粒扣平驳领猎装式男西服,如图 4-21 所示。

(2)单排三粒扣平驳领猎装式男西服成品规格:号型 170/88A,如表 4-4。

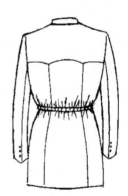

图 4-21　单排三粒扣平驳领猎装式男西服

表 4-4　单排三粒扣平驳领猎装式男西服成品规格表　　　　　单位:cm

部位	衣长	胸围	腰围	臀围	背长	总肩宽	袖长	袖口	领大(衬衫)
尺寸	78	108	84	107	44	46	65	15	42.5

此款男西服理想化地塑造出 X 型立体感西服造型,强调后背宽厚度,因此相比同一胸围的西服,此款总肩宽较宽,前宽则相应较窄,在净胸围 88cm 的基础上加放 20cm,净腰围 74cm 基础上加放 27cm,抽橡筋后达到 84cm,净臀围 90cm 基础上加放 14cm。成品胸腰差由于采用橡筋,有较大的穿着范围。与标准衬衫配合穿着,为取得较好的西服领大,在成品规格中设计了标准衬衫领大 42.5cm。

(3)主要制图公式:如图 4-22。

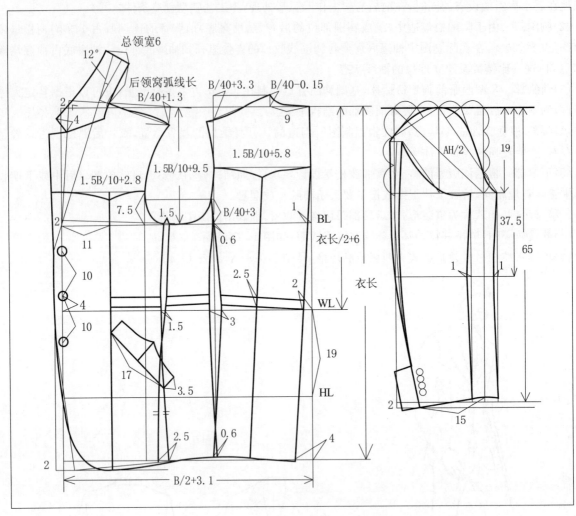

图4-22　单排三粒扣平驳领猎装式男西服制图方法

①后衣长78cm。

②胸围B/2+3.1cm(省)。

③袖窿深,其尺寸计算公式为1.5B/10+9.5cm。

④后腰节长,从上平线向下的长度。尺寸计算公式为衣长/2+6cm。

⑤后背宽,其尺寸计算公式为1.5B/10+5.8cm,加大背宽。

⑥前胸宽,其尺寸计算公式为1.5B/10+2.8.cm,减少前宽。

⑦前中线做撇胸处理,以袖窿谷点(B/4)为基准,将前胸围及中线向上倾倒,在前胸围中线抬起2cm呈垂线,上平线同时抬起2cm并作垂线。

⑧后领宽线,其尺寸计算公式为基本领围(衬衫领大)/5+0.5cm。

⑨画后领深线,其尺寸计算公式为B/40-0.15cm。

⑩画后落肩线,其尺寸计算公式为B/40+3.3cm(包括垫肩量1.5cm左右)。

⑪前落肩线,其尺寸计算公式为B/40+1.3cm(包括垫肩量1.5cm左右)。

⑫画后袖窿与前袖窿弧的辅助线,尺寸计算公式为B/40+3cm。

⑬袖子采用高袖山的计算方法AH/2×0.7,袖子的详细构成参照图4-22所示。

（五）H 型西服的构成特征与纸样设计

H 型的造型其一是属于三围松量都较少的直身型西服,是较瘦体型的男士或追求中性化造型西服样式的男青年穿着的流行款式,其二整体三围松量都较宽松,廓型也呈 H 型,下摆适量收一些,该造型一般应用于现代流行的休闲西服款式。

1. 规格建立要点

（1）胸部　三围松量都较少的直身型西服,由于该版型强调 H 型框架,因此在制定成品规格尺寸时胸围的松量要较适体,一般可参照净胸围加放 12～16cm 左右,肩宽较窄。1/2 前后宽松量为胸围加放量的 15%左右。

整体三围松量都较宽松廓型的 H 型休闲西服,胸围松量一般可参照净胸围加放 18～22cm 左右。前后宽松量较大,肩宽随后宽增宽但呈自然肩型。

（2）腰部　其一的直身型西服,三围松量都较少,净体腰部放松量为 10～14cm 左右,腰部收省适中。其二的版型适于所有大多数体型,在制定成品 1/2 胸腰差时,应要求腰部在制图中,能保证三开身结构的最低收省量 6cm 左右即可,使腰部要有稍收紧的状态。

（3）臀部　其一的较瘦的直身型西服,在制定成品臀围尺寸时,在净臀围基础上加放 8～10cm,由于三围松量都较少和适体,因此要求着装者体型的三围差距基本要属于标准体型。其二的版型,成品臀围放松量依据适用于大多数体型的要求,在保证功能舒适量的基础上,按照休闲装的要求可以适量多放一些。

2. 制图塑型要点

（1）肩部　其一的 H 型西服由于胸围松量较少所以肩宽较窄,制图时肩斜度可根据造型要求,在纸样设计中结合肩胛省的处理取得不同的肩斜状态。肩部外形较贴合于人体,活动量较差。其二的 H 型休闲西服由于胸围松量较多所以肩宽自然会宽,在制图时肩斜度一般作自然肩的状态处理,其角度可控制在 18°～20°左右,肩线顺肩部外形自然贴合于人体,活动量较好。

（2）胸围部　其一的 H 型西服胸围较瘦,组成胸围部位的后背宽、袖窿底、前胸宽的比例计算公式可以参考标准西服纸样,该板型由于大多塑造的是较瘦体型,袖窿底可适当加宽,以增加立体状态。其二的 H 型休闲西服胸围部位的后背宽可适当加宽,产生自然松量,前胸宽与背宽差量可控制在 1.5～2.5cm 左右。袖窿底按照造型要求,宽松量的设计参照标准体计算公式可适当减量,以取得自然舒适的效果。

（3）前胸部　其一的 H 型较瘦的直身型西服前胸塑造尽量适体,根据特定人体自身条件,在后背塑造较准确的状态下,胸凸省量控制在 2cm 左右,这样自然适当减少了前腰节长度,掌握好前胸部的结构平衡。

（4）腰部　按照 H 型西服整体造型状态要求,腰部衣片松量相对标准体较多,根据 1/2 三开身结构的收省总量和男体特点,后衣片收总省量的 70% 左右,产生自然收腰的形态。

（5）下摆部　该版型的特点是下摆放量应依据臀部松量,按照结构分割线要求自然放摆以取得 H 造型。

男西服版型经过多年的应用变化,纸样设计的结构方法已经较规范,西方很多国家通过上百年的实践,样板制作已很成熟,形成多种流派,但基本上采用经过理论与实践总结归纳后经验性较强的比例裁剪制图方法。因此很多相关教材的纸样,只是以定型板的形式出现,初学者不能盲目模仿,应该通过分析力求从结构原理出发,理解不同版型的处理手段,融会出自己的认识,才可能设计出符合特定款式所需要的版型风格,才有实际意义。

3. 版型示例:此款式为三贴袋直身形式,后腰部略收紧,强调出该版型的特点。

（1）款式效果图:单排三粒扣平驳领贴袋式男西服,如图 4－23 所示。

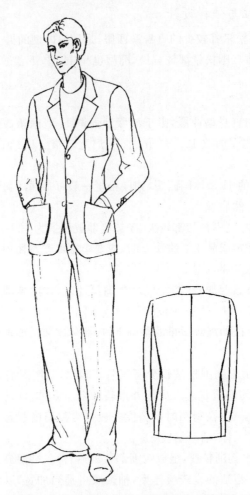

图 4-23　单排三粒扣平驳领贴袋式男西服

(2)单排三粒扣平领贴袋式男西服成品规格:号型 170/88A,如表 4-5。

表 4-5　单排三粒扣平领贴袋式男西服成品规格表　　　　　　　　　　　　　　单位:cm

部位	衣长	胸围	腰围	臀围	背长	总肩宽	袖长	袖口	领大(衬衫)
尺寸	74	106	90.2	98.5	43	44	60	15	40

　　此款男西服理想化地塑造出 H 型立体感西服造型,强调后背宽厚度,因此相比同一胸围的西服,此款总肩宽较宽,前宽则相应较窄,在净胸围 88cm 的基础上加放 18cm,净腰围 74cm 基础上加放 16.2cm,净臀围 90cm 基础上加放 8.5cm,成品胸腰差 15.8cm。与标准衬衫配合穿着,为取得较好的西服领大,在成品规格中设计了标准衬衫领大 40cm。

　　(3)主要制图公式:如图 4-24。

　　①后衣长 74cm。

　　②胸围 B/2+3.1cm(省,其中窿底加 1.5cm 为腰围扩展了松量)。

　　③袖窿深,其尺寸计算公式为 1.5B/10+8.5cm。

　　④后腰节长,从上平线向下的长度。尺寸计算公式为衣长/2+6cm。

　　⑤后背宽,其尺寸计算公式为 1.5B/10+5cm。

　　⑥前胸宽,其尺寸计算公式为 1.5B/10+3.5cm。

　　⑦前中线做撇胸处理,以袖窿谷点(B/4)为基准,将前胸围及中线向上倾倒,在前胸围中线抬起 2cm 呈垂线,上平线同时抬起 2cm 并作垂线。

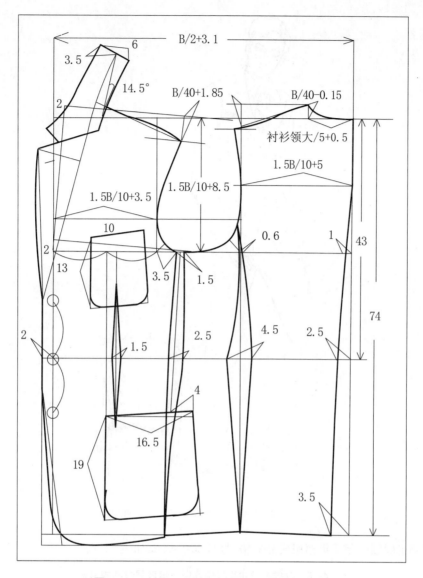

图4-24　单排三粒扣平驳领贴袋式男西服制图

⑧后领宽线,其尺寸计算公式为基本领围(衬衫领大)/5+0.5cm。

⑨画后领深线,其尺寸计算公式为B/40-0.15cm。

⑩画后落肩线,其尺寸计算公式为B/40+1.85cm(包括垫肩量1.5cm左右)。

⑪前落肩线,其尺寸计算公式为B/40+1.85cm(包括垫肩量1.5cm左右)。

⑫画后袖窿与前袖窿弧的辅线,尺寸计算公式为B/40+3cm。

⑬袖子采用高袖山的计算方法AH/2×0.7,具体方法同前。

三、休 闲 西 装 制 图 示 例

休闲西装版型有多种样式,主要视款式设计造型与特点来定,但其总体男西服的三开身结构形式是变化不大的。重要的是结合西服的塑型方法巧妙地将休闲西装的独特风格表现出来。

下图三种款式选自意大利某品牌的典型休闲西装。

(一)款式1

1. 效果图:休闲式男西服单排平驳领三粒扣,下贴兜,手巾袋改为拉链口袋,后片腰下有带状装饰可用皮条,如图4-25所示。

图 4-25　单排三粒扣平驳领休闲男西服

2. 单排三粒扣平驳领休闲式男西服成品规格:号型 170/88A,如表 4-6。

表 4-6　单排三粒扣平驳领休闲式男西服成品规格表　　　　　单位:cm

部位	衣长	胸围	腰围	臀围	背长	总肩宽	袖长	袖口	领大(衬衫)
尺寸	72	108	99.8	105	44	44.5	65	15	40

该版型理想化地塑造出 H 型的休闲西服造型,腰部松量较多,在净胸围 88cm 的基础上加放 20cm,净腰围 74cm 基础上加放 25.8cm,净臀围 90cm 基础上加放 15cm。衣长较短,袖长则较长,袖山采用高袖山的结构形式与袖窿理想配合,符合款式设计要求。

3. 主要制图公式:如图 4-26 所示。

①后衣长 72cm。

②胸围 B/2+3.1cm(省),其中窿底加 1.5cm 为腰围扩展了松量。

③袖窿深,其尺寸计算公式为 1.5B/10+9cm。

④后腰节长,从上平线向下的长度,尺寸计算公式为衣长/2+6cm。

⑤后背宽,其尺寸计算公式为 1.5B/10+5cm。

⑥前胸宽,其尺寸计算公式为 1.5B/10+3.5cm。

⑦前中线做撇胸处理,以袖窿谷点(B/4)为基准,将前胸围及中线向上倾倒,在前胸围中线抬起 2cm 呈垂线,上平线同时抬起 2cm 并作垂线。

⑧后领宽线,其尺寸计算公式为基本领围(衬衫领大)/5+0.5cm。

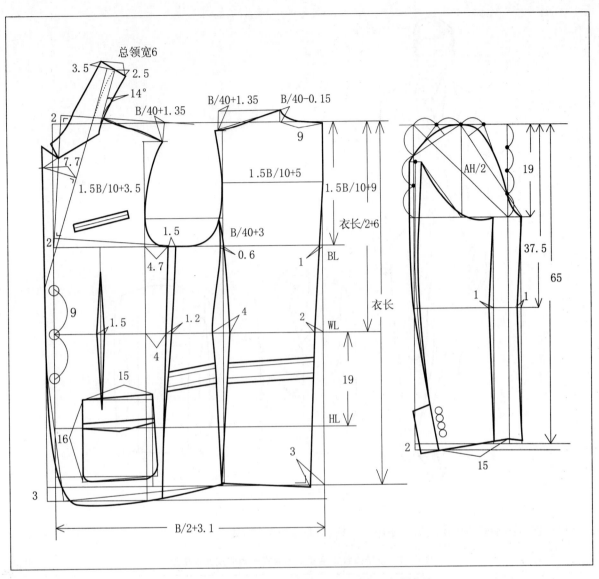

图 4-26　单排三粒扣平驳领休闲式男西服制图方法

⑨画后领深线,其尺寸计算公式为 B/40-0.15cm。

⑩画后落肩线,其尺寸计算公式为 B/40+1.35cm(包括垫肩量1.5cm左右)。

⑪前落肩线,其尺寸计算公式为 B/40+1.35cm(包括垫肩量1.5cm左右)。

⑫画后袖窿与前袖窿弧的辅线,尺寸计算公式为 B/40+3cm。

⑬袖窿底收省1.5cm,由于窿底设省故加大了腰部与臀部的松量。

⑭袖子采用高袖山的计算方法 AH/2×0.7,袖子的详细构成参照图示。

(二)款式2

1.效果图:休闲式单排平驳领四粒扣男西服,前身设计有下斜插袋,手巾袋改为贴袋,分割线在标准三开身形式基础上加以变化,前片侧缝通过设省可以解决腹部塑造,后片通过袖窿省、后腰省可以较好地塑造出背部肩胛厚度。前止口设计有三条斜向三角装饰,如图4-27所示。

图4-27　单排四粒扣平驳领休闲男西服

2.单排四粒扣平驳领休闲式男西服成品规格:号型170/88A,如表4-7。

表4-7　单排四粒扣平驳领休闲式男西服成品规格表　　　　单位:cm

部位	衣长	胸围	腰围	臀围	背长	总肩宽	袖长	袖口	领大(衬衫)
尺寸	72	106	92.2	105	44	44.5	65	15	40

该版型理想化地塑造出前身自然形的休闲西服造型,前腰部松量较多,在净胸围88cm的基础上加放18cm,净腰围74cm基础上加放18.2cm,净臀围90cm基础上加放15cm,后肩胛省设在后袖窿处。衣长较短,袖长则较长,袖山采用高袖山的结构形式与袖窿理想配合,符合款式设计要求。

3.主要制图公式:如图4-28所示。

①后衣长72cm。

②胸围 B/2+1.6cm(省)。

③袖窿深,其尺寸计算公式为1.5B/10+8.5cm。

④后腰节长,从上平线向下的长度,尺寸计算公式为衣长/2+7cm。

⑤后背宽,其尺寸计算公式为1.5B/10+5.5cm。

⑥前胸宽,其尺寸计算公式为1.5B/10+3cm。

⑦前中线做撇胸处理,以袖窿谷点(B/4)为基准,将前胸围及中线向上倾倒,在前胸围中线抬起2cm呈垂线,上平线同时抬起2cm并作垂线。

⑧后领宽线,其尺寸计算公式为基本领围(衬衫领大)/5+0.5cm。

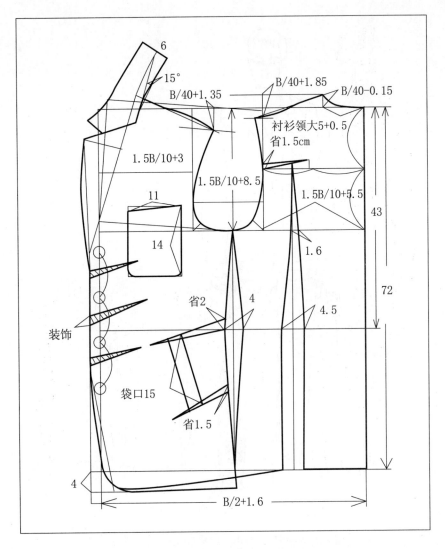

图 4-28　单排四粒扣平驳领休闲男西服制图

⑨画后领深线,其尺寸计算公式为 B/40-0.15cm。

⑩画后落肩线,其尺寸计算公式为 B/40+1.85cm(包括垫肩量 1.5cm 左右)。

⑪前落肩线,其尺寸计算公式为 B/40+1.35cm(包括垫肩量 1.5cm 左右)。

⑫画后袖窿与前袖窿弧的辅横线,尺寸计算公式为 B/40+3cm。

⑬腰部收两个省分别为 4.5cm 和 4cm。

⑭袖子制图方法同上款。

(三)款式 3

1.效果图:休闲式单排平驳领三粒扣男西服,前身设计有变化的六口袋,分割线在标准三开身形式基础上加以变化,前片无省,后片设过肩通过袖窿省、后腰省可以较好地塑造出背部肩胛厚度,如图 4-29 所示。

2.单排三粒扣平驳领休闲式男西服成品规格:号型 170/90A,如表 4-8。

图4-29　单排三粒扣平驳领六口袋休闲男西服

表4-8　单排三粒扣平驳领六口袋休闲男西服成品规格表　　　　　单位:cm

部位	衣长	胸围	腰围	臀围	背长	总肩宽	袖长	袖口	领大（衬衫）
尺寸	76	106	93.2	105	44	44.8	65	15	41

该版型趋于 H 型的休闲西服造型,腰部松量较多,在净胸围 90cm 的基础上加放 16cm,净腰围 74cm 基础上加放 19.2cm,净臀围 90cm 基础上加放 15cm。袖山采用高袖山的结构形式与袖窿理想配合,符合款式设计要求,注意左右前片口袋非对称。

3. 主要制图公式:如图 4-30 所示。

①后衣长 76cm。

②胸围 B/2+1.6cm(省)。

③袖窿深,其尺寸计算公式为 1.5B/10+8.5cm。

④后腰节长,从上平线向下的长度,尺寸计算公式为衣长/2+6cm。

⑤后背宽,其尺寸计算公式为 1.5B/10+5.5cm。

⑥前胸宽,其尺寸计算公式为 1.5B/10+3cm。

⑦前中线做撇胸处理,以袖窿谷点(B/4)为基准,将前胸围及中线向上倾倒,在前胸围中线抬起 2cm 呈垂线,上平线同时抬起 2cm 并作垂线。

⑧后领宽线,其尺寸计算公式为基本领围(衬衫领大)/5+0.8cm。

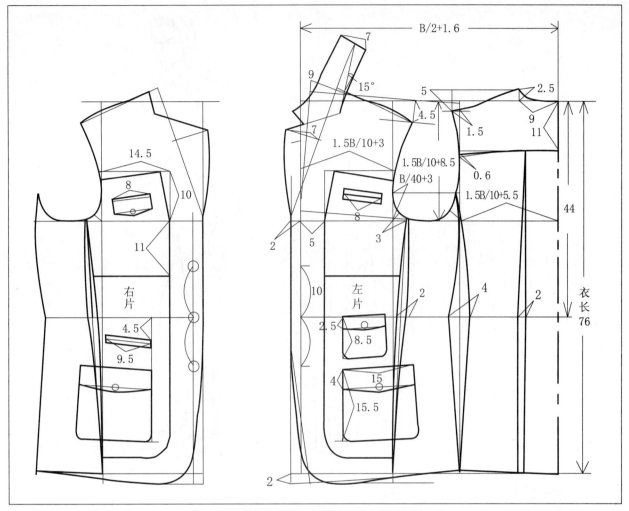

图4-30　单排三粒扣平驳领六口袋休闲男西服制图

⑨画后领深线,其尺寸计算公式为B/40-0.15cm。

⑩画后落肩线,其尺寸计算公式为B/40+1.85cm(包括垫肩量1.5cm左右)。

⑪前落肩线,其尺寸计算公式为B/40+2.35cm(包括垫肩量1.5cm左右)。

⑫画后袖窿与前袖窿弧的辅横线,尺寸计算公式为B/40+3cm。

⑬腰部收两个省分别为4cm和2cm。

⑭袖子制图方法同上款。

⑮注意左右片口袋位置及形状。

三、男正式礼服制图示例

燕尾服与晨礼服是西方社会正式活动中夜晚和白天穿着的服装,是现代男西服的前身,与男西服的三开身结构形式基本相同。重要的是结合西服的塑型方法巧妙地将具体穿着者的独特气质风格表现出来。

(一)燕尾服

1.款式效果图:如图4-31所示。

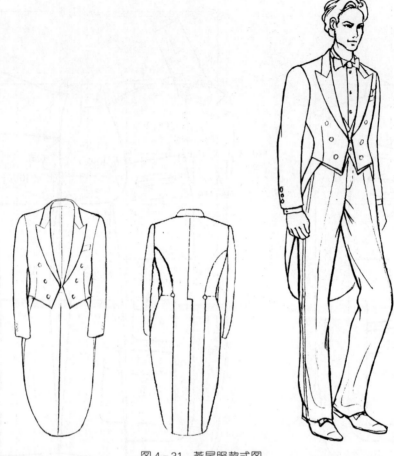

图4-31 燕尾服款式图

2.燕尾服成品规格:号型170/88A,如表4-9。

表4-9 燕尾服成品规格表

单位:cm

部位	衣长	胸围	腰围	背长	总肩宽	袖长	袖口	领大(衬衫)
尺寸	110	106	91.2	44	44	58.5	15	40

该版型理想化地塑造出优雅的男人体最佳状态,腰部收紧,在净胸围88cm的基础上加放18cm,净腰围74cm基础上加放17.2cm。衣长下摆燕尾部分至膝围,袖山采用高袖山的结构形式与袖窿理想配合,符合款式设计要求。

3.主要制图公式:如图4-32所示。

①总后衣长110cm。

②胸围 B/2+1.6cm(省)。

③袖窿深,其尺寸计算公式为 1.5B/10+8.5cm。

④后腰节长,背长42.5cm。

⑤后背宽,其尺寸计算公式为 1.5B/10+5或5.5cm。

⑥前胸宽,其尺寸计算公式为 1.5B/10+3.5或3cm。

⑦前中线做撇胸处理,以袖窿谷点(B/4)为基准,将前胸围及中线向上倾倒,在前胸围中线抬起2cm呈垂线,上平线同时抬起2cm并作垂线。

⑧后领宽线,其尺寸计算公式为基本领围(衬衫领大)/5+0.5cm。

⑨后领深线,其尺寸计算公式为 B/40-0.15cm。

⑩前后落肩线,其尺寸计算公式为 B/40+1.35cm(包括垫肩量1.5cm左右)。

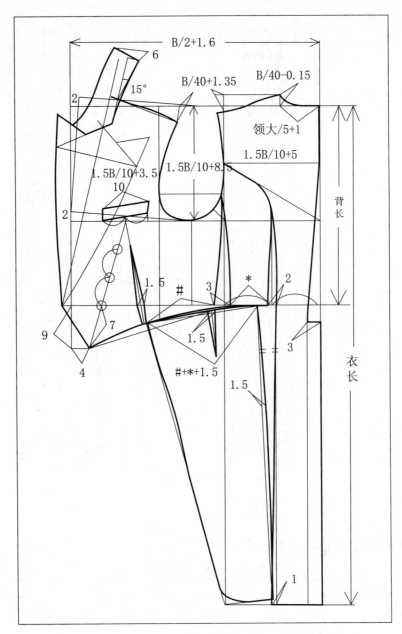

图4-32　燕尾服制图方法

⑪腰部收省从后中起依次为2.5cm、2cm、3cm、1.5cm。

⑫下摆燕尾设1.5cm省。

⑬戗驳领止口下摆尖长8~9cm。

⑭搭门2cm,三粒装饰扣。

⑮袖子制图参照标准男西服袖子制图方法。

(二)晨礼服

晨礼服是西方社会正式活动中白天穿着的服装,与燕尾服结构形式基本相同,只是下摆为圆形下摆形式。

1.款式效果图:晨礼服,如图4-33所示。

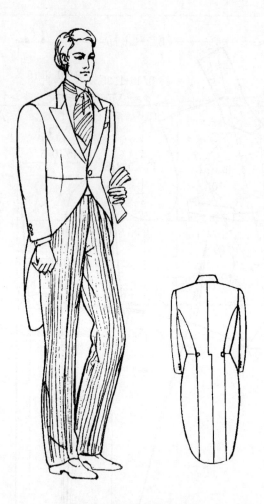

图4-33　晨礼服款式图

2.晨礼服成品规格:号型 170/88A,如表 4-10。

表4-10　晨礼服成品规格表　　　　　　　　　　　　　　　单位:cm

部位	衣长	胸围	腰围	背长	总肩宽	袖长	袖口	领大(衬衫)
尺寸	110	106	91.2	44	44	58.5	15	40

　　该版型理想化地塑造出优雅的男人体最佳状态,腰部收紧,在净胸围88cm 的基础上加放 18cm,净腰围 74cm 基础上加放 17.2cm。衣长圆下摆部分至膝围,袖山采用高袖山的结构形式与袖窿理想配合,符合款式设计要求。

　　3.主要制图公式:制图方法参照燕尾服,腰节以上部分与燕尾服基本相同。前止口搭门 2cm,圆下摆从前止口呈弧形收至后片,如图 4-34 所示。

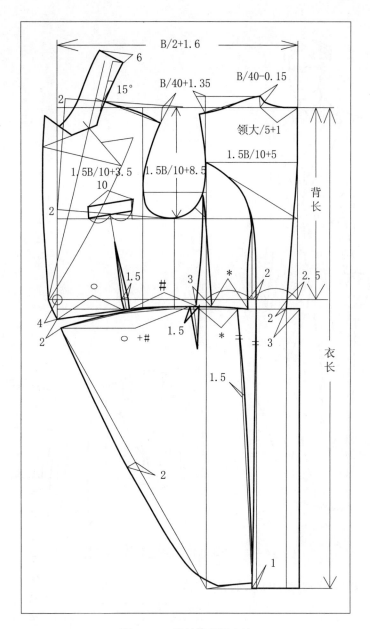

图 4-34　晨礼服制图方法

(三)夏季准礼服(白色套装)

夏季准礼服也是西方社会正式活动中穿着的服装,与燕尾服结构形式基本相同只是下摆减短,改变了形式。

1.款式效果图:夏季准礼服(白色套装),如图 4-35 所示。

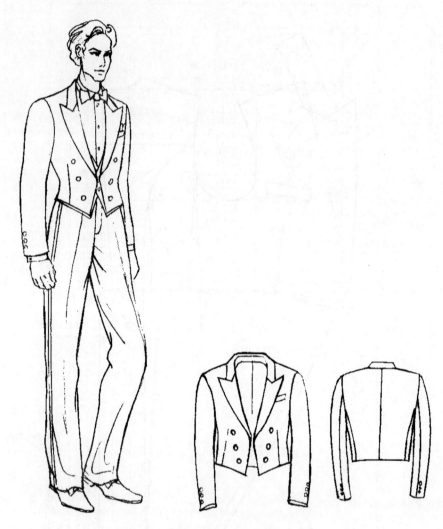

图 4-35　夏季准礼服(白色套装)款式图

2.夏季准礼服成品规格:号型 170/88A,如表 4-11。

表 4-11　夏季准礼服成品规格表　　　　　　　　　　　　　单位:cm

部位	衣长	胸围	腰围	背长	总肩宽	袖长	袖口	领大(衬衫)
尺寸	50.5	106	91.2	44	44	58.5	15	40

该版型理想化地塑造出优雅的男人体最佳状态,腰部收紧,在净胸围 88cm 的基础上加放 18cm,净腰围 74cm 基础上加放 17.2cm,衣长 50.5cm,袖山采用高袖山的结构形式与袖窿理想配合,符合款式设计要求。

3.主要制图公式:制图方法参照燕尾服,腰节以上部分与燕尾服基本相同。前止口搭门 2cm,短摆的处理是设计的一部分,袖子与西服袖制图相同,如图 4-36 所示。

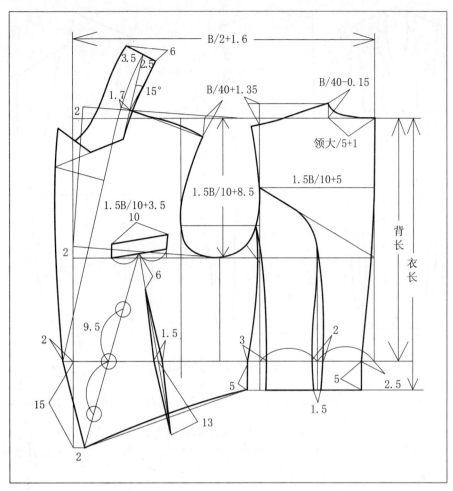

图 4－36　夏季准礼服(白色套装)结构制图方法

第五节　男上装类一般服装的弊病及纸样修正

上装类服装所包括的品种较多,此节以男西服为示例。

（一）西服在穿着时,袖窿下(即胸围线)、腰围以上部位起横坠绺,不平服,过松,外观不好

1.原因：这主要是由于胸围松量过多,袖窿底(即窿门)过宽引起。

2.修正方法：在样板上将后侧缝去掉一些松量,背宽也随之去掉一些。同时袖窿底的腋下侧缝处也需要去掉一些松量,将侧缝线自然向腰部修圆顺,如图 4－37 所示。

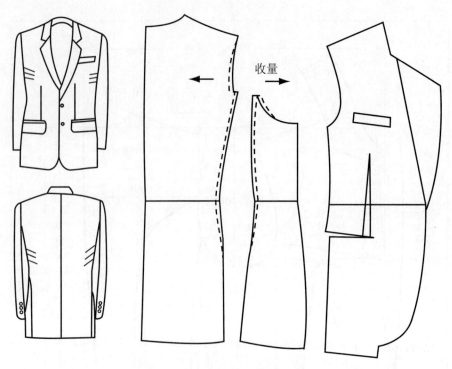

图4-37　袖窿以下起横绺的修正

（二）西服在穿着时与上述问题相反,袖窿下、腰围以上部位起横绺,过紧。着装不舒服,外观不好

1.原因:这主要是由于胸围松量不够,袖窿底宽度及背宽缺量所至。

2.修正方法:在样板上将后侧缝及背宽同时相应展开一些松量。袖窿底的腋下片侧缝处也要展开一些松量,侧缝线从展开位置自然向腰部画圆顺,如图4-38所示。

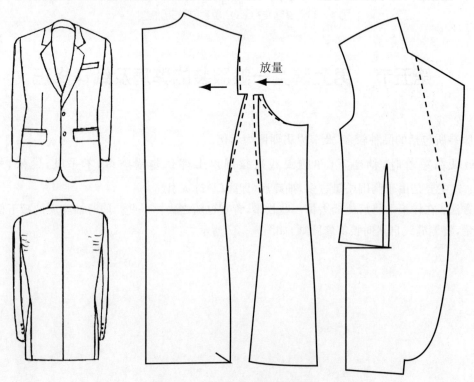

图4-38　胸围位置起横绺的修正

（三）西服在穿着时后开衩或侧开衩不顺直，出现纵向余绺

1.原因：这主要是由于臀围较小，臀围松量过多引起的。

2.修正方法：在样板上应从后片及腋下片侧缝处去掉一些松量，同时腋下片前侧缝也可适量去掉一些松量，如图4-39所示。

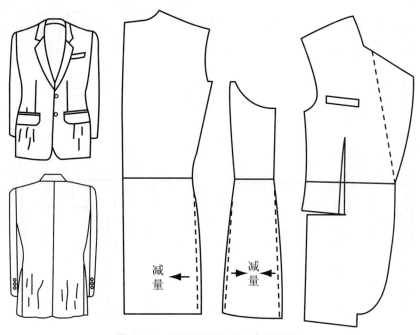

图4-39 腰围以下有纵向余绺的修正

（四）西服着装时与上述情况相反，腰围以下出现横绺，开衩豁开不平服

1.原因：这主要是由于臀部松量过紧，一般为臀部较厚大所至。

2.修正方法：在样板上的修正与上述正好相反，要在侧缝处适量加放一定的松量，如图4-40所示。

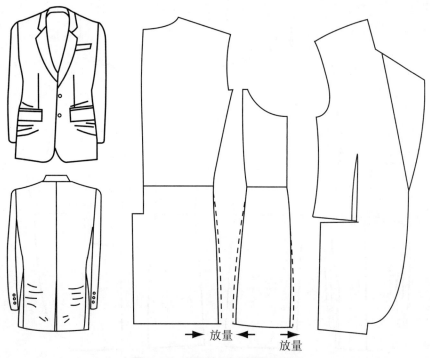

图4-40 腰围以下有横绺的修正

（五）西服穿着时前胸宽及背宽出现纵向绉

1.原因：一般这种情况为肩宽过宽、落肩量不够（或垫肩厚度不够）、前后宽尺寸过大所至。

2.修正方法：在样板上应适当将肩宽减一些，前宽、后宽尺寸也要同时相应减量，增加垫肩厚度或落肩量再加一些，以使肩部平服，如图4-41所示。

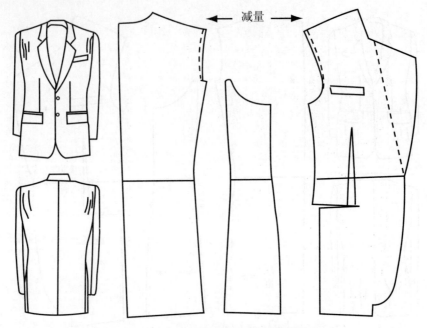

图4-41　前胸宽及背宽出现纵向绉的修正

（六）西服穿着时，环状的皱褶堆积在领子前、后片的衣身处

1.原因：一般出现这种情况主要是由于落肩量设计不准确，落肩过量或着装者是端肩所至。

2.修正方法：在样板上可适当提升落肩或减少垫肩厚度，或从前、后领口处同时向下降低一定的量，相对减少了肩斜度，如图4-42所示。

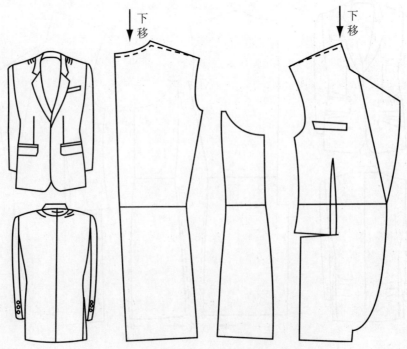

图4-42　领子下部有环状的皱褶的修正

（七）西服在穿着时，后身领下出现余绺或领口下部较紧

1.原因：这主要是在结构设计中，后领窝的位置没有落在人体后脖颈的颈根位置，前者后领深过浅，后者后领深开得过深。

2.修正方法：在样板上后领深度要相应挖深或提高，如图4-43所示。

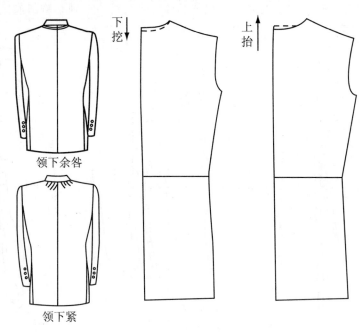

图4-43　后身领下出现余绺或领口下部较紧的修正

第六节　特殊体型男西服纸样处理方法

男西服是国际化的服装，因此是任何男士必备的衣服，但人体体型是相当复杂的（尤其是特殊人体），同一款式的西服要满足所有人来穿，从技术层面看，结构与特定人体之间的关系要准确无误，即必须保持好衣片的结构平衡才可能取得理想的穿着效果。特殊体型受种族、地域、环境、生活方式、年龄等因素影响非常复杂，各不相同。特体的纸样构成原理与标准人体基本是一样的，但由于特殊人体各部位的体征表现形式各有不同，则需要研究特定的处理方法，一般可通过对照标准级样进行修正。以下为几种代表性的特殊体型及纸样修正方法。

一、特殊体型量体方法

特殊体型在测量时除按照标准体测量的项目外，还需要观察特殊人体的颈、肩、胸、背、腹、臀、四肢等部位的大小、长短形状的比例与正常体型的区别。

除按照标准体测量人体总体高、胸围、腰围、臀围、颈围、前胸宽、后背宽、总肩宽、全臂长、背长、衣长等尺寸外，还需根据体型特点增加测量一些特定部位。

（一）测量挺胸身体（图4-44）

1.被测量者身穿衬衫，测量者站在被测量者的右侧前方，用软尺围量胸围一周，为胸部净体尺寸。

2.对于挺胸体还应加测前后腰节长及前胸宽、后背宽。

3.测量背部和前胸及倾斜角度等。

4.下装需量围裆、中臀围、大腿根围。

5.应在测量胸围、臀高时从人体侧面及前面观察宽厚度比。

6.如果是大腿粗的体型,应在大腿前凸部位垂直置一直尺,软尺应绕过其上为臀部净体尺寸。只有准确补充臀围部的水平围度缺量,才有可能在制定裤子的成品尺寸时做到合体。

特别注意:测量时软尺呈水平状态,拉紧状态以能贴体转动为准。要观察胸部前倾角度,比较与正常体的差度量、厚度量,做好记录。

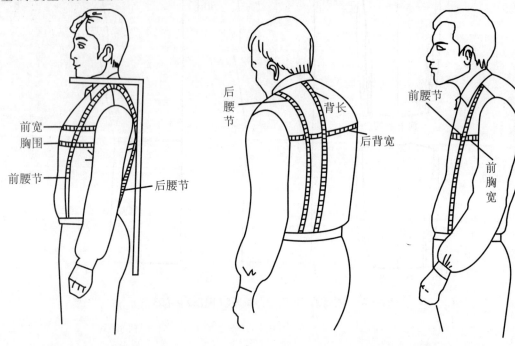

图4-44 测量挺胸体　　　　图4-45 驼背体状态及测量

图4-46 凸腹体测量腹围方法

(二)测量驼背体(图4-45)

1.测量者站在被测量者的正前方,用软尺测量左腋点至右腋点之间的距离,为前胸宽净体尺寸。

2.测量者站在被测量者的正后方,用软尺测量左腋点至右腋点之间的距离,为后背宽净体尺寸。

3.对于驼背体要加测前后腰节尺寸,掌握前后腰节及前后宽差量。

特别注意:测量时软尺呈水平状态,拉紧状态以能贴体为准。观察背部前倾角度及肩胛部位凸起状态,进行记录。观察臀峰部位的角度及臀位的高低,臀部的宽厚程度和臀部与大腿根交界处的状态,进行记录。

(三)测量肥胖体腹凸体(图4-46)

1.测量者站在被测量者的正前方,用软尺测量左腋点至右腋点之间的距离,为前胸宽净体尺寸。

2.测量者站在被测量者的正后方,用软尺测量左腋点至右腋点之间的距离,为后背宽净体尺寸。

3.加测前后腰节尺寸。掌握前后腰节及前后宽差量。

4.测量者站在被测量者的左侧前方,用软尺围量腰围一周,如果是凸腹较大者,还需要测量中臀围(臀高至腰围的中间部位)。

5.测量者站在被测量者的左侧前方,用软尺围量臀围一周,凸腹体测量时应在腹前垂直置一直尺,软尺应绕过其上为臀部净体尺寸。

　　6.对于翘臀体需要加测臀高、围裆与立裆尺寸,这是因为特殊体型的臀高、臀宽厚度会有不同的变化。

　　7.腿粗体型加测大腿根围,由于制定合体类的裤子横裆部位尺寸的准确是关键,固对大腿根较粗的特殊体型准确测量这一围度有重要意义。

　　特别注意:测量时软尺呈自然弧度,软尺稍拉紧。观察凸腹整体状态和臀部状态、观察臀峰部位的角度及臀位的高低、臀部的宽厚程度和臀部与大腿根交界处的状态,进行记录。

　　(四)特殊体型具体部位测量方法

　　1.测量特殊体型肩型,如图4-47所示。

　　(1)被测量者身穿衬衫,测量者站在被测量者的正后方,用软尺从左肩骨端到右肩骨端中间通过第七颈椎,其弧线长度为总肩宽部位的净体尺寸。

　　(2)对于特殊肩型需要加测肩斜尺寸,用量角器或用角度测量仪确定肩斜角度;也可以以腋下水平围度线为基准,用软尺测量颈侧点至腋下水平线的距离和肩端点至腋下水平线的距离,将两线展直,便可通过数学的方法获得肩斜的角度。

　　特别注意:测量时软尺呈自然弧度,软尺稍拉紧。观察肩型是溜肩体、高低肩还是端肩,进行记录。

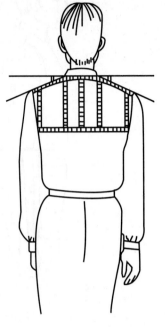

图4-47　特殊肩型测量

　　2.测量特殊体型颈围与颈根围(观察粗细脖颈),如图4-48所示。

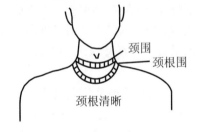　　

颈围
颈根围
颈根清晰　　　　颈根交接线不清晰　　　　颈较细

图4-48　颈部观察与测量

　　(1)测量者站在被测量者的左侧前方,用软尺围量颈围一周,为颈围净体尺寸(喉结以下2cm水平围度)。同时应观察后颈部位的状态。

　　(2)测量胸腔与脖颈的交界线即颈根围,同时应观察这一交界线的状态,状态为较明晰形还是模糊形。

　　特别注意:测量时软尺通过第七颈椎,贴颈与颈根,拉紧状态以能贴体转动为准。观察脖颈前倾或后仰角度及脖颈粗细状态,进行记录,这对制定翻领结构的领翘有决定意义。

　　3.测量上下肢(四肢特殊体)。

　　(1)被测量者身穿衬衫,测量者站在被测量者的左右侧,用软尺从左右肩骨端量至上肢桡骨颈凸点,测量时软尺自然顺上肢状态,软尺稍拉紧其长度为上肢全臂长部位的净体尺寸。由于不同体型的关系,上肢倾斜状态不同,如图4-49所示。

　　(2)用软尺从人体侧面测量腰围至足底,软尺自然顺下肢状态,稍拉紧,其长度为下肢净体尺寸。O形腿应测量腿部的内外长度以确定差量,如图4-50所示。

　　特别注意:测量时观察上肢下垂后,胳臂前后倾状态,挺胸与驼背体会有较大不同,这对装袖位置有重要意义;观察下肢腿形状态以确定裤腿造型需要的参数。

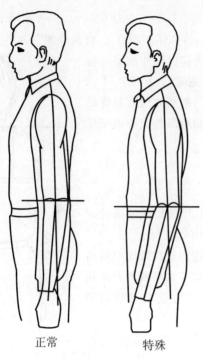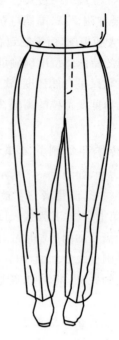

图 4-49　上肢不同状态　　　　　　　　图 4-50　下肢 O 形腿状态

正常　　　　　特殊

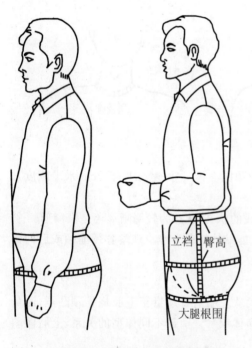

立裆　臀高

大腿根围

图 4-51　腹凸与粗腿者臀围测量

4.测量臀围(凸腹、腿粗、翘臀及胯大体),如图 4-51 所示。

(1)测量者站在被测量者的左侧前方,用软尺围量臀围一周,如果是凸腹体,测量时应在腹前垂直置一直尺,软尺应绕过其上为臀部净体尺寸。

(2)如果是大腿粗的体型,应在大腿前凸部位垂直置一直尺,软尺应绕过其上为臀部特体尺寸。对以上两类体型只有准确补充臀围部的水平围度缺量,才有可能在制定裤子与裙子的成品尺寸时做到合体。

(3)对于翘臀体需要加测臀高、围裆与立裆尺寸,这是因为特殊体型的臀高、臀宽厚度会有不同的变化。

(4)胯部大的体型应在测量臀高时从人体侧面及前面观察宽厚度比。

(5)腿粗体型加测大腿根围,由于制定合体类的裤子横裆部位尺寸的准确是关键,固对大腿根较粗的特殊体型准确测量这一围度有重要意义。

特别注意:测量时软尺呈水平状态,拉紧状态以能贴体转动为准。观察臀峰部位的角度及臀位的高低、臀部的宽厚程度和臀部与大腿根交界处的状态,加以记录。

5.测量特殊体型背长及腰节(长短腰节)。

(1)被测量者身穿衬衫,测量者站在被测量者的正后方,用软尺从第七颈椎量至腰部最细处,其长度为背长部位的净体尺寸。

(2)从前颈测点量至腰围水平位为前腰节长,从后颈侧点量至腰围水平位为后腰节长。

(3)通过测量背长及腰节掌握不同长短腰节量并对照正常体比例作记录。

特别注意:测量时软尺顺后背贴体,自然下垂至腰部凹陷处止,这三个长度尺寸对特殊体型是非常重要的,挺胸、驼背体在此部位会有较大差异。同时应观察影响其差异的相应部位状态,以确定服装造型需要的参数。

6.测量总体高(不同躯干比例)测量法。

(1)用体高测量仪测量,从头顶至足底的人体高度;同时应该对颈椎点高、腰围高、坐姿颈椎点高进行测量,同时观测不同的躯干头身比例。

(2)如果是驼背体或挺胸、凸臀体,在拟定衣长、裤长等服装尺寸时,要考虑弯曲和宽厚状态,以保证长度量的准确。

特别注意:测量时被测量者应自然站直,测量身高后应注意肥胖体与瘦体的宽厚比差。

7.测量特殊体型衣长(观察肥胖体、瘦体、矮胖体老年型体状态),如图4-52所示。

(1)采用软尺从前颈侧点贴体向下测量为前衣长。

(2)采用软尺从后背第七颈椎点贴体向下测量为后衣长。

(3)对于矮胖体型上衣不宜过长,在常规上衣的基础上缩短1cm,腰节提高0.5cm;上身短、下肢长的体型,腰节比常规腰节长0.5cm。

特别注意:测量时被测量者应自然站直,观察注意肥胖体、瘦体、矮胖体等老年人体的同样款式服装拟定衣长、裤长时的差距。

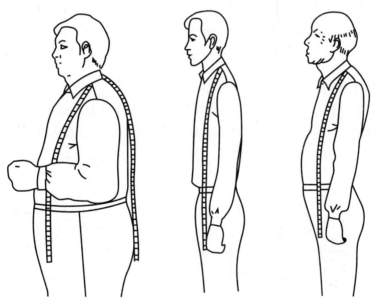

图4-52 肥胖体、瘦体及老年人形体状态

二、特殊体型与着装问题及纸样基本修正方法

(一)挺胸体

1.体型特点:该人体胸腰差量较大,胸大肌发达,超出标准体范围,头向后仰,胸部丰满向前突出,前胸部高挺,前胸宽厚,背部相对要平,后宽窄。臀向后突出,腹部内敛。由于颈部后倾,颈侧点明显后移,肩端点偏后因此肩线自然偏后。胳膊下垂位置后移,整个上体为保持平衡后倾呈反S形。

挺胸体这类体型常见于体格健壮的中青年男子。另有强壮凸胸体一般多为体壮者及运动员。

2.着装问题:穿着标准体西装,则明显表现为前摆上吊绷紧,前胸宽不足下摆止口重叠。后背出现多余的松量和余褶,由于服装结构与人体失去平衡,衣服整体后倾,前袖窿有斜向的皱褶,后片腰部出现横余绺,臀部反被衣片裹住,由于上肢后倾后袖出现横余绺起涌等毛病。

3.纸样修正:

(1)挺胸体西服样板(纸样)主要调整与修正方法,如图4-53所示通过标准纸样剪切的方法满足挺胸体上体体积量的需要,即撇胸增大,将后背上部剪开合并,使后袖山头略撇去,袖子略向后移位。

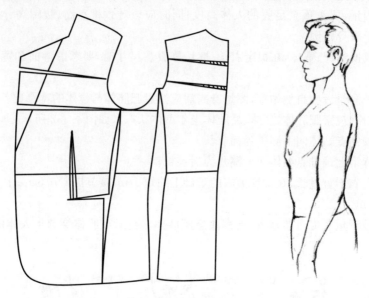

图4-53 挺胸体纸样修正

(2)强壮凸胸体西服样板(纸样)主要调整与修正方法,如图4-54所示通过标准纸样剪切的方法满足凸胸体体积量的需要。根据测量的前后腰节长度使前衣长加长,撇胸增大,将后背上部剪开合并,使后衣长改短,袖子通过大袖袖山底线合并,使后袖山头略撇去,袖子略向后移位,使之符合胳膊后倾状态。

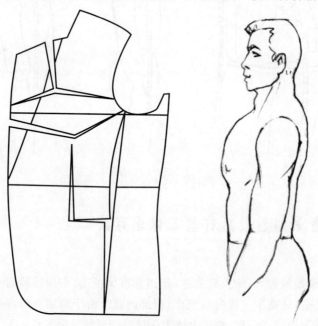

图4-54 强壮凸胸体纸样修正

(二)驼背体

1.体型特点:该体型背部驼,后肩背部突出,后背宽,胸部平坦前胸窄,胸腰差量较小,腹部腆出,臀部下降内收且扁平,颈部前倾,颈侧点向前移位,肩端点偏前,因此肩线自然偏前。胳膊下垂位置前移,整个上体为保持平衡,后倾呈S形。后背前倾后腰节长于前腰节较多,这类体型常见于老年人及身体发育有缺陷者。

2.着装问题:穿着标准体西装,则明显表现为前片过长前下摆豁开,前胸宽产生较多余量,由于后衣片长度不够,因此后身绷紧,后下摆向上翘起,后腰节下产生竖绺。后背宽松量明显不够,牵扯后肩宽也较紧张。由于衣片结构与人体失去平衡,衣服整体前倾,肩头和上肢前倾造成前袖窿起皱,前袖出现横余绺等毛病。

3.纸样修正(图4-55):测量前后腰节长度后,纸样通过后背上部剪开、拉开,使后衣长加长。参照下图通过标准纸样剪切的方法减少前片长度松量,即将前胸围线剪开、合并,使前衣长减短。袖子通过大袖山底线剪开、拉开,使袖山头变胖,袖子略向前移位。

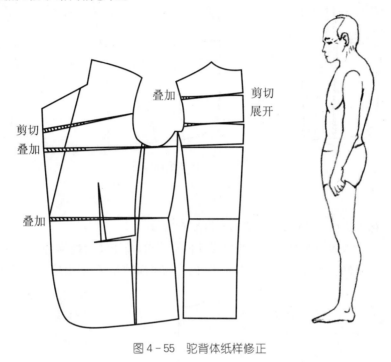

图4-55　驼背体纸样修正

(三)肥胖体

1.体型特点:该体型主要特点是脂肪层较厚,整体圆浑、腹部突出。上体为保持平衡后背自然也向后突出,后腰内凹呈反S形。胸围与腰围尺寸差数的大小可体现出不同肥胖程度。一般胸围腰围差小于国家标准男子C体型的人体或胸腰差量为负数,都属于胖肚体。这类体型因年龄不同体型也不尽相同。中年人胸部宽厚、后背丰满、腰粗腹凸、臀部也较丰满、脖颈粗壮、肩部浑厚,上下身肥胖程度均衡。老年人虽然脂肪增加,腹部突出但凸位下降,胸围并不丰满,围度不大、背部略驼、肩溜不厚、颈部不粗、臀部低平。

2.着装问题:按照标准体型制图方法制成的西装穿着时,由于人体腰前部体积的厚度大,会出现在腰节线以下前短后长,前襟上吊,腹部紧绷,而上半身基本合体。前宽会窄,腰围松量不够则下摆易豁开。肥胖体脖颈粗,领宽若窄会造成颈侧部位出现斜绺,肩宽较宽,袖窿过深,袖子活动量受阻。老年肥胖体背部较紧有斜绺,前衣襟上翘而前胸部有空量,腹部紧绷而臀部会略空。

3.纸样修正:在前腰节线上通过剪开、拉开,使前衣长适当增加,加大腰、臀及摆量,同时在袋口处参照腹部状态适量加肚省,以保障衣片下部结构平衡,前后领宽适量加宽,后领深加深,如图4-56所示。

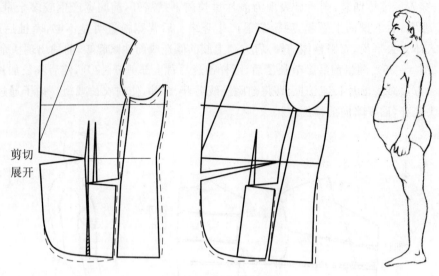

图 4-56 肥胖体纸样修正

(四)溜肩体

1.**体型特点**:该人体两肩向下溜斜,各种体型都可能有溜肩。

2.**着装问题**:在穿上正常体西服时会出现两肩头部位起斜绉,前止口搅拢等毛病。

3.**纸样修正**:可用垫肩修补溜肩的缺憾或增大落肩量,袖窿同时开深,袖山略降低,如图 4-57 所示。

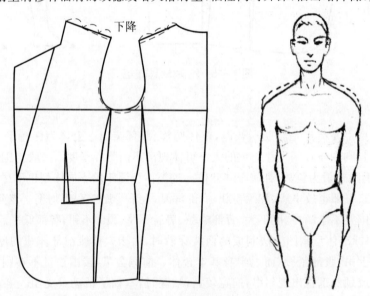

图 4-57 溜肩体纸样修正

(五)平肩体

1.**体型特点**:该人体两肩平直,肩斜角度小。

2.**着装问题**:在穿上正常体西服时会出现压肩、前止口豁开等毛病。

3.**纸样修正**:可适当减少垫肩厚度或减小落肩量,袖窿同时上提以保障袖窿的状态不变,如图 4-58 所示。

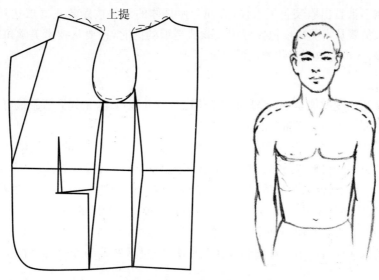

图4-58　平肩体纸样修正

（六）老年包肩体

1.体型特点：该人体一般为老年人居多，两肩胛部位肉厚外突，肩斜角度大。

2.着装问题：在穿上正常体西服时会出现后肩部位紧包的毛病，前胸内凹。

3.纸样修正：通过标准纸样剪切的方法，前胸剪开叠合，减少前片长度松量，后背宽剪开上移，根据体型状态需要加后肩省。后中线外弧，增加落肩量，袖子适量前移，如图4-59所示。

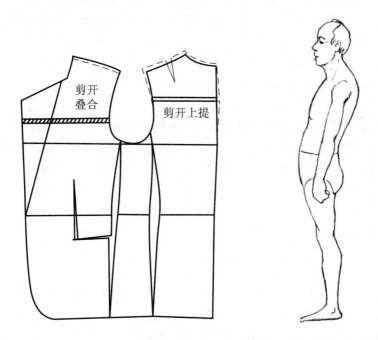

图4-59　老年包肩体纸样修正

三、特体纸样修正综述

（一）修正原则

虽然人体是最美的，但人体因受各种先天生理条件和生活环境因素的影响，大部分人并不能达到标准体的指标。通过以上示例不难看出服装包裹人体,必须参照具体的人并按照款式要求达到装饰与修饰人的作用。服装设计与技术人员要从审美角度把握好服装款式造型的同时,还要从技术美学角度准确、灵活地驾驭好服装结构设计的要素,才可能取得着装的最佳效果。

(二)修正规律

任何一款男士服装从出现发展至今,其造型和结构已规范和理想化,尤其男西服最有代表性,因此通过男西服结构设计的分析掌握其规律是很重要的。

1.造型设计的理想化:正装礼服类男西服一定要塑造出男士"虎背熊腰"的最佳体型,要求衣身为宽肩、收腰、抱臀,构建出三围理想的倒梯形状态,肩型饱满有体积感,袖子要立体流畅自然。

2.结构设计的理想化:视男西服为软雕塑,为不同的人体修饰到理想化的程度,是纸样设计的任务。

(1)西服结构设计要满足造型的最佳状态,首先是规格,要求在净胸围的基础上加放出款式和功能的松量16～22cm左右,胸围是造型的基础,由于胸围松量较大,为理想塑型创造了较好的条件。依据特定人体体型,通过前宽、窿底、后宽的分配以适应不同造型和人体的要求,通过后宽量的变化可以控制不同的肩宽,这一点十分重要。

(2)西服以"省"塑型是关键,1/2胸腰差的理想量为8～10cm。无论何种体型,三开身腰围收省量最少应为6～6.5cm,才可能最佳地保障男西服的造型。对于腰围较粗的非标准体,为保障腰部收省量的同时,还要保障成品西服腰围有最低的功能活动松量8cm,这一点必须注意。

在处理像胖肚特殊体型的结构时,要研究其腹部凸起的状态,非均衡肥胖体腹部前凸,大部分体型都应从前衣片放出腹凸所需要的功能松量,量的原则是依据腰围在保障最低松量的要求下,尽量能设计出靠近胸腰差的理想收省量。

另外应确定腹凸支点,并在衣片上结合大口袋开袋位置,设置准确的腹凸的肚省。为取得衣片结构的平衡,纸样设计要系统结合每一特定的人决定处理方法,由于人体的复杂性,某一局部的调整都有可能带来其他相应部位的对应性的问题,随意调整一个部位而不顾全局肯定要破坏整体衣片的平衡。如胖肚体在解决腰腹局部的同时,下一步必须考虑后背的过松问题,这是由于凸腹体要保持平衡所造成的。有必要通过重新调整前后衣片的差量,来取得颈侧点、肩线、肩端点向后偏移的准确度,整体控制好这些衣片结构平衡的关键,纵向支撑点则更重要。

(3)男人体后背形的理想塑造是评价男西服造型水准的重要依据。观察大多数标准体与特殊体型的男性,后中线因脊柱和背、腰、臀的自然生理原因,其S形的曲度都较为显著(参照图2－2所示的男人体形体特征)。无论何种体型后背衣片也都应做出背部宽厚合体、后中腰吸腰、臀部自然抱臀的男体造型。

因此男西服纸样后中破缝线的斜度设计很重要,这条线是塑造后背形体的关键,由于男体后背发达,以后肩胛骨凸点为支点所形成的后中腰省,按照结构要求通过纸样转移的方法,将省转至后中线,此线因省量不同产生不同的斜度,与此同时此线又涉及后中腰部位和后臀部位的收省量。即便肥胖凸肚体型后中腰最少也要有2～2.5cm的省量,而下摆的收省量视臀峰状态而定,一般都应大于后中腰省1～2cm。此线通过推、归、拔烫工艺处理,为后背形的理想塑造创造了先决条件。该线斜度不够造成后中下摆后翘会极大影响西服造型。

(4)男西服强调塑造出理想的人体体积感。特殊体型由于自身体型状态各不一样,在塑型时可以根据不同版型要求来确定服装立体造型,要结合三围的条件控制好结构设计中的宽厚比和省量。

由于男西服成品胸围松量较大,基本能满足各类人体塑型需要,但前后宽松量的分配要视人体厚度来制定,同样胸围的人,一般薄体型肩较宽,相应背宽松量要多,背宽制约着肩宽,相对应厚体型则肩窄。因此肩宽、背宽、胸围相互制约,需要协调一致。此外还要结合特定人体针对腰围的粗细状态,控制宽厚比。这是因为腰粗、腹凸的体型为了设计制造出较好的胸腰差收省量,胸围的加放量要掌握上限,因此背宽尺寸容易偏大,与此对应的肩也会宽,肩端点起不到支撑作用而下垂,会影响肩背袖窿状态。如果背宽和肩宽窄,袖窿底会过宽又会促使袖窿深加深,从而影响袖子的造型。结合特定人体适量合理地设计出理想的人体体积感,是获得理想版型的关键。

(5)男西服袖型影响造型的整体感。标准体的理想袖型设计首先来源于袖窿设计的标准化,即袖窿底应占前后袖窿平均深度的65%左右,其袖窿成形后为纵向椭圆体。而特殊人体的衣片袖窿底与袖窿均深的比,通过调整应尽量接近这一比例,但也不是所有体型的版型都能达到这一标准。

胸围较大的肥胖体由于人体厚度量本身宽厚,因此在设计袖窿状态时,其宽厚比需要反复调整,以取得与人体臂根运动功能和造型相一致的关系,其中控制胸围线的位置要以它至腰节间的距离不小于16cm左右为底线。相关袖窿的因素考虑到位后所形成的袖窿底与袖窿均深的比值要经过计算,比照袖窿底与袖窿均深的理想比例(65%),一般肥厚体会大于这一比例,体厚增大比值也在不断扩大,当比例值达到78%时,其袖窿成型后为正圆形,超过78%时袖窿成型后为横向椭圆体。特殊人体的袖窿设计最好结合假缝立体修正,以达到理想状态。

袖窿型是设计袖子的基础,袖窿成型后方可设计袖子结构的关键部分袖山高。为了与袖窿型配合完美,最好通过计算袖窿成型后的圆高尺寸以取得合理的袖山高。

第七节 衬衫纸样设计与技术

一、衬衫的分类

标准男衬衫成型于19世纪中叶,是为配合西服而产生的,其造型简练,无装饰,高高竖起的领子翻折下来,形成现在衬衫的特点。目前衬衫的种类繁多,衬衫的款式变化也是与现代社会的经济、文化状况密不可分的,衬衫的着装形式也受流行趋势的影响,体现出新时代的审美观。现代男时装衬衫的款式造型变化多样,这是由于流行的意识已渗透到服饰的各个方面、各个部位,就连衬衫的纽扣式样,衣袋的位置,领型等都无不带有流行的迹象。人们在选择衬衫的时候总要考虑自己的着装要具有时代美感,同时也要结合自身的条件及着装的时间、场合、地点而认真考虑选择。

现代衬衫主要分类如下:

1.从款式上分:有正装长袖衬衫、正装短袖衬衫、无袖衬衫、无领衬衫、套头衬衫、休闲衬衫、内外兼用衬衫等。

2.从用途上分:有高级礼服衬衫、标准西服配套式衬衫、高级华丽时装衬衫等。

3.从功能上分:有特种功能的衬衫,各种劳动保护的衬衫,防火、防酸、防碱衬衫等。

二、男衬衫的款式特点及设计方法

(一)男标准衬衫的特点及衣身设计方法

1.标准衬衫特点

这里主要是指与普通西服、运动西服、办公套装、职业西服组合配套的衬衫。衣身较合体,硬尖翻领,圆摆,肩部有过肩。后身有单或双褶裥,袖头超过腕部以下1.5cm左右,单门襟或明门襟。左前身有一贴兜,腰身稍收,如图4-60所示。

2.标准衬衫衣身设计

(1)衣长:总衣长从后领深向下量,约占总体高的46%左右,前身比后身短4cm,设计成后长前短的圆形下摆或前后圆摆。

(2)胸、腰、臀:胸围的松量是在净胸围的基础上加放18~20cm,腰部略收1.5cm,下摆收进1cm左右,衣摆量要尽量抱臀,避免造成多余的褶皱堆在腰臀部。下摆前短后长的设计是依据上体运动时前屈伸展动作较多,从而保证后摆在运动中不易脱出。圆摆恰恰符合腰、臀运动功能及造型的需要。

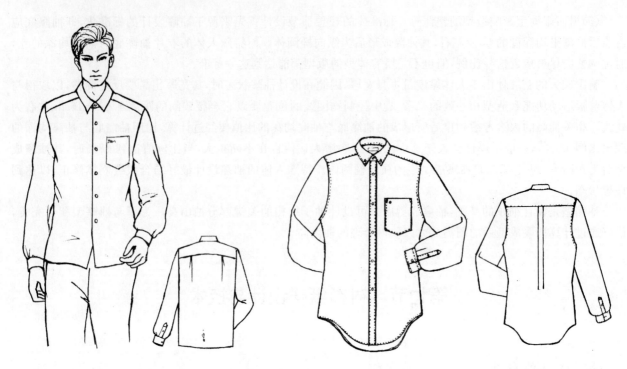

图4-60 男标准衬衫款式图

（3）领子：领子是衬衫设计的关键部位，其结构分为底领与翻领两部分，领尖形状要依据现代流行趋势而定。而领围尺寸要依据颈根围尺寸加放适当松量，一般为2～3cm，确定领大，通过1/5的计算比例确定出后领宽和前领宽。前领深在后领宽基础上再加1cm。总领宽应确定在7.5～8.5cm。底领宽3.5cm左右，翻领4.5cm左右，这是因为与西服配套穿着时，衬衫的底领必须超出西服的底领（其高度2.5cm左右）。

（4）过肩（育克）：男衬衫肩部设计有育克，后片育克的高度一般在后领深线至袖窿深线的1/4位置，前片从肩线平均下降3～3.5cm设计育克分割线。

（5）门襟及后褶裥：如若设计明门襟其明门襟贴边宽度为3.5cm，在后中线作3cm宽的褶裥，上端固定在后部育克正中线上。搭门应控制在1.5～1.7cm之间。

（6）袖子：衬衫的袖长长于西服的袖长，一般要超过3cm左右，袖长根据全臂长尺寸再加出3～4cm。袖头（袖克夫）宽度在6.5cm左右，袖头长应是腕围净尺寸加放4～6cm松量，袖山弧线要大于袖窿弧线1.5cm做为缩缝量。袖口、袖头缝合时的褶裥量要在6cm左右。袖山高和袖山弧线要对应袖窿的弧度曲率而统一和谐。因为前后袖窿的弧度曲率不甚相同，且形成袖窿状态的前、后宽差量不同，所以前后袖山的弧度是前袖山弧度曲率相对后袖山较大些，后袖山较小。袖山高所对应的基础结构三角形的角度应设计成30°左右较理想，基本满足款式和功能的需要。

3.标准衬衫（结构）纸样设计方法

（1）成品规格：按国家号型170/88A制订，如表4-12。

表4-12 标准衬衫成品规格表 单位：cm

部位	衣长	胸围	背长	总肩宽	袖长	袖口	袖头宽	领大
尺寸	74	106	43	43.5	60	24	6	40

（2）标准衬衫制图主要方法

①前后衣片基础纸样制图方法如图4-61所示。

②将前后衣片肩上部按线剪开，肩缝合并形成过肩，前后衣片最终完成的纸样，如图4-62所示。

③领子制图方法，如图4-63所示。

④袖子制图其袖山高计算方法为AH/2×0.5，通过剪切收袖口并设6cm倒褶，如图4-64所示。

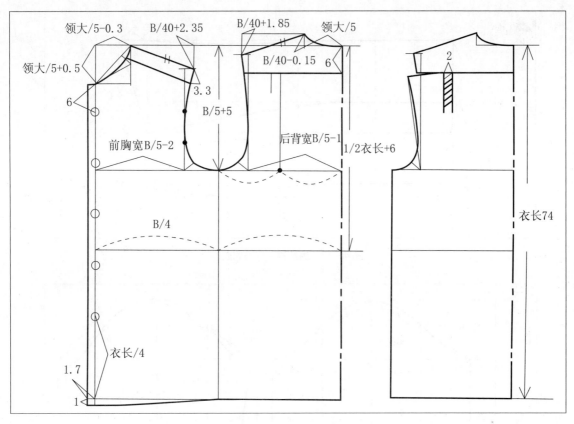

图4-61 标准衬衫基础制图

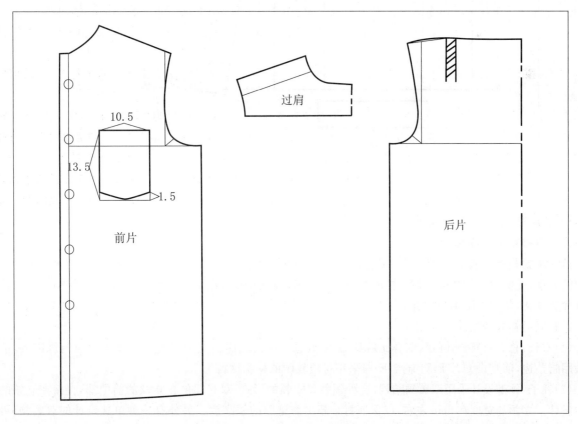

图4-62 标准衬衫基础制图

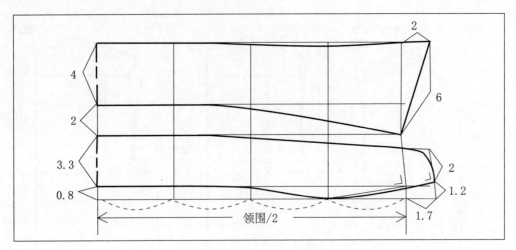

图 4-63　标准衬衫领子制图

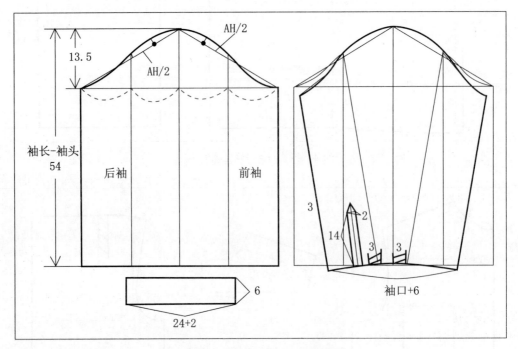

图 4-64　标准衬衫袖子制图

(二)礼服衬衫的特点及衣身设计方法

1.礼服衬衫主要特点

这里主要是指与燕尾服、晨礼服、黑色套装等组合配套的衬衫。有较规范的款式要求,这与服装的功能有密切的关系,礼服衬衫的结构在整体构成上与标准衬衫是相同的,特点是在领型、前身胸部装饰与袖克夫等设计方面有变化,款式如图 4-65 所示。

2.礼服衬衫衣身设计

(1)衣长:总衣长较长,圆摆,前身比后身短 4cm,总长约占总体高的 46% 左右。下摆终点与膝围齐,前门襟采用暗贴边,前胸设 U 字形胸饰挡,胸挡采用材质较硬的树脂材料。

(2)领子:领型设计采用双翼领结构,这种领型属立领的形式,双翼部位在立领的前中部,直接在立领的结构中设计。立领的宽度在 5cm 左右,以保证衬衫超出燕尾服的领高度。另外有一种单独设计的双翼领,可以用纽扣固定在特制的衬衫小立领上,脱卸方便。

图 4-65　礼服衬衫款式图

　　(3)袖子:袖头采用双层复合型结构,袖克夫的宽度在结构上比普通衬衫宽一倍,对折产生双层袖头,折叠好的袖头合并,圆角对齐,4 个扣眼正好在同一位置,采用链式装饰扣串联在一起。在工艺制作上,袖衩的设计为小袖衩,与袖头的连接要翻拧在袖子内侧,用袖头将其固定,这样当袖头折叠时才能合适并连在一起。

　　3. 礼服衬衫(结构)纸样设计方法

　　(1)成品规格:按国家号型 170/88A 制订,如表 4-13。

表 4-13　礼服衬衫成品规格表　　　　　　　　　　　　　　　单位:cm

部位	衣长	胸围	腰围	臀围	背长	总肩宽	袖长	袖口	袖头宽	领大
尺寸	78	106	100	102	44	43.5	60	24	6.5	40

　　(2)纸样主要制图方法。

　　①礼服衬衫基础结构制图,如图 4-66 所示。

　　②礼服衬衫衣片完成图,如图 4-67 所示。

　　③礼服衬衫领子制图,如图 4-68 所示。

　　④礼服衬衫袖子制图,如图 4-69 所示。

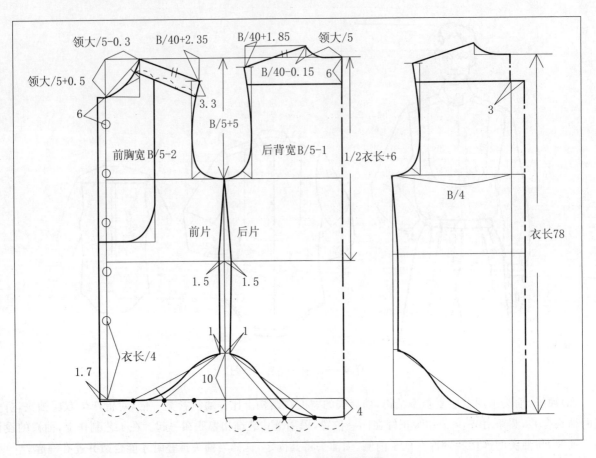

图 4-66　礼服衬衫基础结构制图

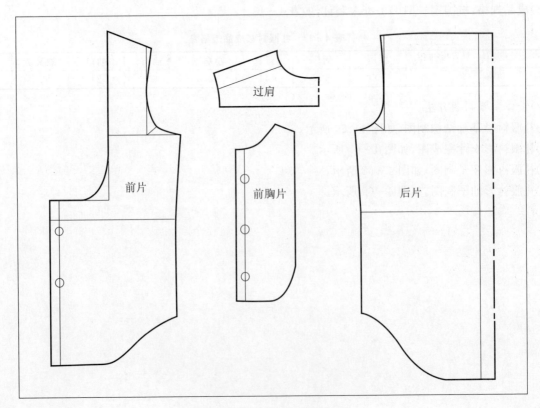

图 4-67　礼服衬衫衣片完成图

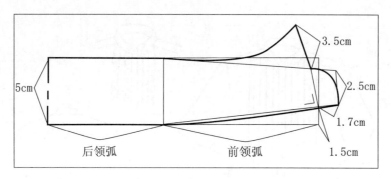

图 4-68　礼服衬衫领子制图

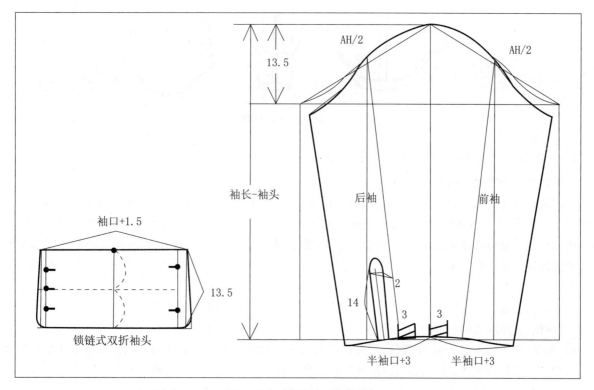

图 4-69　礼服衬衫袖子制图

4.晨礼服用衬衫衣身设计(图 4-70)

总衣长和外观整体形式与普通衬衫相似,圆摆前短后长,前门襟为暗贴边,无口袋,领型采用双翼领结构,袖头与燕尾服相同即采用双层复合型结构,链式装饰扣。

5.黑色套装等普通礼服用衬衫衣身设计

整体形式与普通衬衫区别不大。总衣长较长,圆摆、前胸部设计成有塔克形式的胸褶裥,褶裥数一般在6～10个。领型为双翼领或普通尖领、翻领款式。袖头为双层复合结构,采用链式装饰扣,这种袖头形式是礼服类衬衫的一个主要特点。

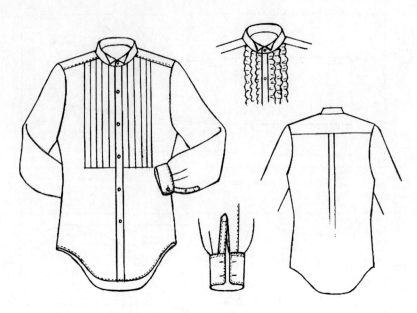

图 4-70　晨礼服用衬衫款式图

（三）男时装休闲类衬衫的特点及衣身设计

1. 男时装休闲类衬衫的特点

男时装衬衫主要指日常生活穿着的便装,可内外兼用,穿着方法较随意,面料、颜色及结构没有特别的规范性程式化要求,主要依流行特点而变化款式。时装衬衫主要特点是可独立穿着,类似外衣,适体宽松自然,没有严格规定。面料选择范围较广,根据穿着季节、场合,薄或中厚型面料都可选用,但总体款型是参照标准衬衫的造型设计而成的。

2. 时装类衬衫衣身设计

(1)衣长:总衣长从后领深向下量,约占总体高的 46% 左右,设计成直或摆圆形下摆。

(2)胸围:在净胸围的基础上加放 18~25cm,一般腰节不收省,设计成直身形。

(3)领子:领子可以是立领、小翻领、开关领或有底领与翻领两部分的标准衬衫领。领尖形状要依现代流行趋势而定。而领围尺寸要依据颈根围尺寸加放适当松量,一般为 1.5~2cm,确定领大。

(4)过肩育克:可以在男衬衫肩部设计有育克,但一般育克应有较多的设计变化。

(5)门襟及后褶裥:门襟及后褶裥设计变化依流行趋势可有多种形式。

(6)袖子:可以参照标准衬衫的袖长设计,也可以设计成直袖无袖头或短袖等。袖山高和袖山弧线要对应袖窿的弧度曲率而统一和谐,基本满足款式和功能的需要。

3. 男短袖时装休闲类衬衫(结构)纸样设计方法

(1)男短袖时装休闲衬衫款式,如图 4-71 所示。

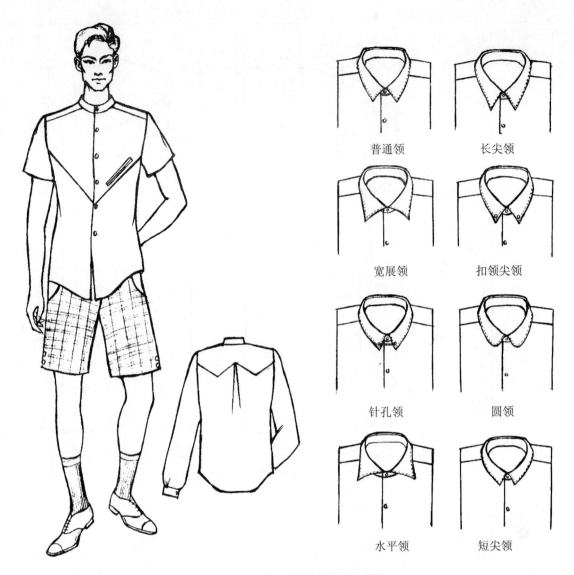

普通领　　　　长尖领

宽展领　　　　扣领尖领

针孔领　　　　圆领

水平领　　　　短尖领

图4-71　男短袖时装休闲衬衫款式图

（2）男短袖时装休闲衬衫成品规格表，号型170/88A，如表4-13。

表4-13　男短袖时装休闲衬衫成品规格表 　　　　　　　单位：cm

部位	衣长	胸围	腰围	臀围	背长	总肩宽	袖长	袖口	领大
尺寸	78	106	100	102	44	43.5	25	36	40

（3）纸样主要制图方法。

① 标准衬衫前后身制图方法，如图4-72所示。

② 男短袖时装休闲衬衫领子制图方法，如图4-73所示。

③ 男短袖时装休闲衬衫袖子制图方法，如图4-74所示。

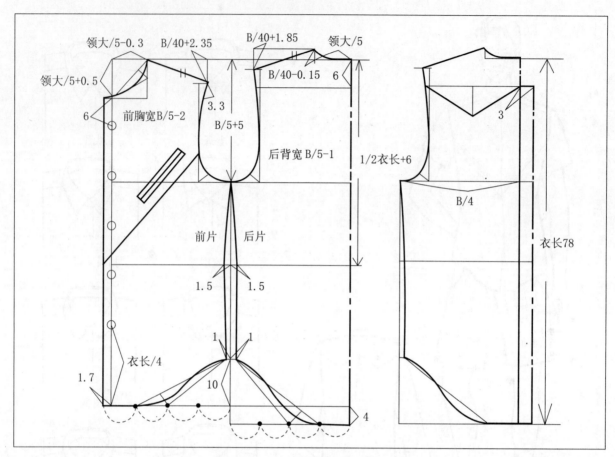

领大/5-0.3　　B/40+2.35　　B/40+1.85　　领大/5

领大/5+0.5

B/40-0.15　6

6

前胸宽B/5-2

3.3

B/5+5

后背宽B/5-1

1/2衣长+6

3

B/4

前片　　后片

衣长78

1.5　　1.5

1　1

衣长/4

1.7

10

4

图4-72　男时装休闲衬衫衣片结构制图

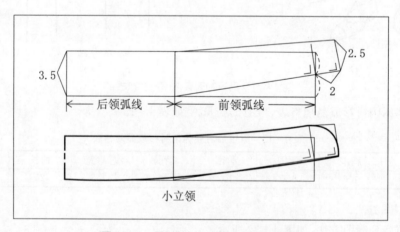

3.5

2.5

后领弧线　　前领弧线

2

小立领

图4-73　男时装衬衫休闲衬衫领子制图

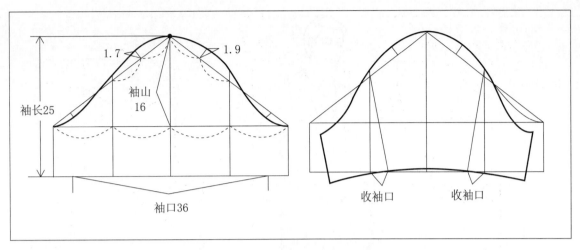

图4-74 男时装休闲衬衫袖子制图

第八节 男马甲纸样设计与技术

一、马甲的分类

马甲是与西服配套的形式出现的,一般分为礼服马甲和普通马甲,这种马甲属于内衣类别。随着男装的休闲化,男式马甲也相继出现休闲外衣化的各种形式,款式变化也层出不穷,体现了现代男装多元化的穿着方式。

男马甲主要分类如下:

1. 从用途上分:生活装内穿马甲、生活装外穿马甲、礼服马甲、职业套装西服马甲、休闲装马甲。

2. 从款式上分:标准普通西服马甲、燕尾服马甲、晨礼服马甲、运动西装马甲,略式礼服马甲。

二、男马甲款式特点及衣身设计方法

(一)标准普通西服男马甲的特点及衣身设计方法

1. 标准普通西服马甲特点

这里主要是指和普通西服、办公套装、职业西服组合配套穿的马甲。衣身较合体,带有后领托的V字领口,前身下部尖摆,后身较短,贴合后背,侧缝处后片长出3cm,设侧开衩。

2. 标准普通西服马甲衣身设计(图4-75)

(1)衣长:后衣长从背长向下8～9cm,前下尖摆再向下8～9cm,前身比后身长8～9cm。

(2)领口:后领适量开深开宽,后领托的宽度在1.5cm左右,夹缝上后领托后以保证不影响衬衫领高度。前领口开到胸围线。

(3)衣片:净胸围加放10cm松量,前身有腰省,采用与西服相同的面料,后衣身采用里绸,后片收省量占总省量的85%左右,并设有2.5cm宽腰带可调节腰围松量。袖窿深线超过西服胸围线以下3.5cm左右。前门襟搭门1.5～1.7cm,单门襟5枚扣,前身左右片共有4贴兜。

图4-75 标准普通男西服马甲款式图

3.标准普通男西服马甲(结构)纸样设计方法

(1)成品规格:按国家号型170/88A制订,如表4-14所示。

表4-14 标准普通男西服马甲成品规格表   单位:cm

部位	衣长	胸围	腰围	总肩宽	背长
尺寸	51	98	82	33	42.5

(2)男马甲制板方法

男西服马甲制板的基本操作步骤:

基本步骤 后片基础结构线→前片基础结构线→后片结构线→前片结构线→马甲完成线。

步骤1 男马甲前后片基础结构线,如图4-76所示。

(下列序号为制图中的步骤顺序)

后片基础结构线:

①以衣长尺寸画上下平行线。

②以背长尺寸画线。

③袖窿深:2B/10+8cm。

④为后中线。

⑤为腰节水平线。

⑥后片胸围线:B/4+2cm。

⑦后背宽:1.5B/10+0.5cm。

⑧后背宽垂线。

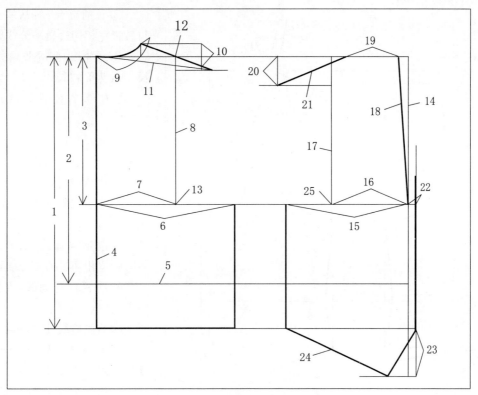

图 4-76　西服马甲前后片基础结构线制图

⑨后领宽：B/12+0.5cm，后领深：B/80+1.3cm。

⑩后落肩：B/20。

⑪人体总肩宽的 1/2(22cm)，从后领深点始，斜线交于后落肩点。

⑫连接后小肩斜线。

⑬角平分线 4cm。

前片基础结构线：

⑭前中线。

⑮前片胸围线：B/4-1cm。

⑯前胸宽计算公式 1.5B/10。

⑰前胸宽垂线。

⑱前中线作撇胸，前中线进 2cm。

⑲前领宽同后领宽。

⑳前落肩计算公式 B/20+0.5cm。

㉑连接前小肩斜线，长度与后小肩斜线等长。

㉒搭门宽 1.5cm。

㉓前下摆尖长 9cm。

㉔前下摆线：连接侧缝至前下摆尖端点。

㉕前角平分线 3.5cm。

步骤 2　西服马甲后片结构线制图，如图 4-77 所示。

后片结构线：

①后中线：中腰收省 2cm，下摆收 2cm。

②后背宽冲肩 1.5cm(从背宽垂线至小肩斜线间距)，确定马甲小肩斜线。

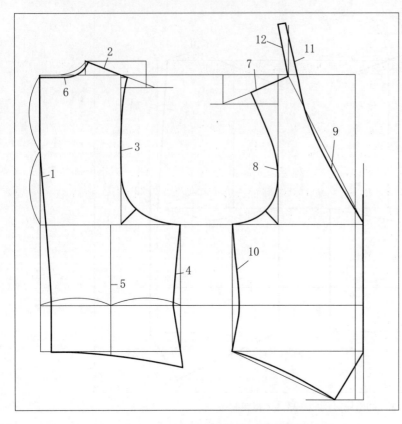

图4-77 西服马甲前后片结构线制图

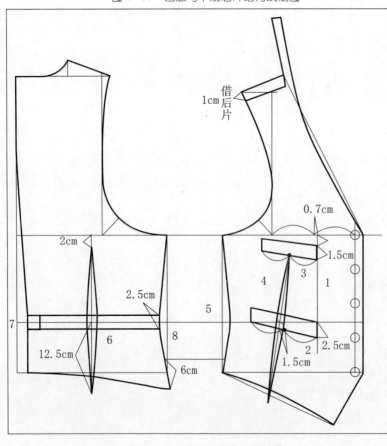

图4-78 西服马甲完成线制图

③后袖窿弧线：从肩点画起自然与后背宽相切过角平分线至胸围线。

④侧缝线：侧缝收省1cm，下摆加长3cm为开衩长。

⑤中腰省位置为后片胸围肥的1/2处。

⑥后领宽、后领口深均扩大0.7cm，修正领口弧线。

前片结构线：

⑦前小肩斜线为后小肩斜线尺寸减0.5cm。

⑧前袖窿弧线：从肩点画起自然与前胸宽相切过角平分线至胸围线。

⑨前领口辅助线：连接颈侧点与胸围止口点。

⑩前侧缝线：腰部侧缝收省1cm。

⑪前领宽扩展0.7cm作垂线，长度为后领窝弧线长。

⑫后领底线长度同后领窝弧线，倒伏量2cm。底领宽1.5cm作垂线，领上口与领口线画圆顺。

步骤3 西服马甲完成线，如图4-78所示。

前片：

①上口袋位：前胸宽的1/2前移0.7cm画垂线。

②下口袋长12cm，宽度2.5cm，以腰节线定位。

③上口袋长10cm，宽度2cm，与下口袋平行。

④前中腰省，省宽1.5cm，参考上下口袋定位。

⑤侧缝线画顺。

后片：

⑥后中腰收省2cm，下摆省长12.5cm收省失。

⑦后背中线画顺直。

⑧侧缝开衩位3cm，后背腰带宽2.5cm。

(二)礼服西服男马甲的特点及衣身设计方法

1.燕尾服马甲特点

这里主要是指和燕尾服组合配套穿的马甲。衣身非常合体,无后领托的 V 字领口,并在领口处覆加青果领或长方形小燕领。前身下尖摆,后身较短,贴合后背。

2.燕尾服马甲衣身设计(图 4－79)。

(1)衣长:后衣长从背长向下 5～6cm,前身下尖摆再向下 5～6cm,前身比后身长 5～6cm。

(2)领口:后领适量开深开宽,以保证不影响衬衫领高度。前领口开到前腰节上 4cm 左右。

(3)衣片:净胸围加放 10cm 松量,前身有腰省,采用与燕尾服相同的面料,后衣身采用里绸,后片收省量占总省量的 85％左右,并设有 2.5cm 宽腰带可调节腰围松量。袖窿深线超过西服胸围线以下 6cm 左右。前门襟搭门 1.5～1.7cm,单门襟三枚扣,前身左右片在腰线共有两个贴兜。

图 4－79　燕尾服马甲款式图

3.燕尾服马甲(结构)纸样设计方法

(1)成品规格:按国家号型 170/88A 制订,如表 4－15 所示。

表 4－15　燕尾服马甲成品规格表　　　　　　　　　　　　　　　　单位:cm

部位	衣长	胸围	腰围	总肩宽	背长
尺寸	48.5	98	82	33	42.5

(2)燕尾服马甲制板方法,如图 4－80 所示。

燕尾服马甲制图基本过程可参照标准普通男西服马甲,不同细节如图 4－80 所示。

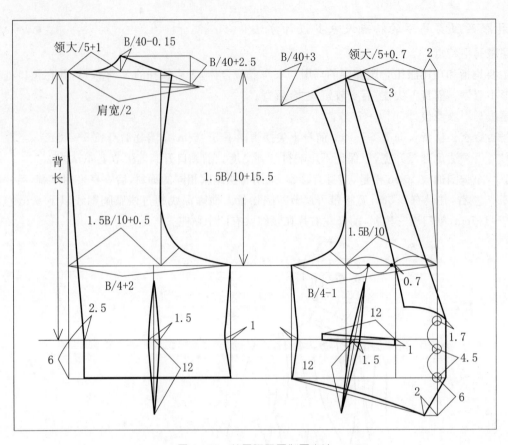

图 4-80　燕尾服马甲制图方法

(三)晨礼服马甲特点及衣身设计方法

图 4-81　晨礼服马甲款式图

这里主要是指和晨礼服组合配套穿的马甲。门襟双排 6 枚扣。衣身非常合体,无后领托的 V 字领口,并在领口处覆加青果领或戗驳领。前平摆,衣身较短,贴合后背。

1.晨礼服马甲衣身设计(图 4-81)

(1)衣长:后衣长从背长向下 10~11cm,前衣片稍长。

(2)领口:后领适量开深开宽,以保证不影响衬衫领高度,前领口开到前腰节上。覆加的青果领或戗驳领贴合于领口。

(3)衣片:净胸围加放 10cm 松量,前身有腰省,采用面料的颜色为灰色系,后衣身采用里绸,后片收省量占总省量的 85% 左右,并设有 2.5cm 宽腰带可调节腰围松量。袖窿深线超过西服胸围线以下 3.5~4cm 左右。前门襟斜向搭门 5~6cm,双门襟 6 枚扣,前身左右片共有 4 贴兜。

2.晨礼服马甲(结构)纸样设计方法

(1)成品规格:按国家号型 170/88A 制订,如表 4-16 所示。

表 4-16　晨礼服马甲成品规格表
单位:cm

部位	衣长	胸围	腰围	总肩宽	背长
尺寸	53.5	98	84	33	42.5

(2)晨礼服马甲制板方法,如图 4-82 所示。

晨礼服马甲制图基本过程可参照标准普通男西服马甲,不同具体细节见图示。

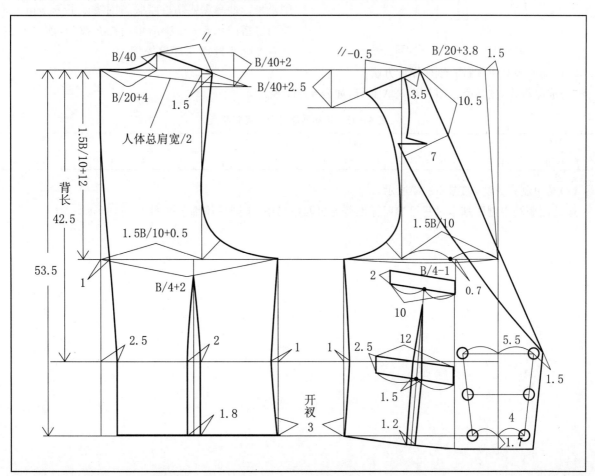

图 4-82　晨礼服马甲制图

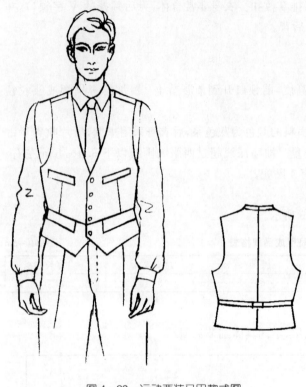

图4-83　运动西装马甲款式图

（四）运动西装马甲

1.运动西装马甲特点

这里主要是指与运动西装组合配套穿的马甲。衣身较合体,带有后领托的V字领口,前下尖摆,后身较短,贴合后背,依据功能需要前衣片下部分设计有横斜向断开线,并在此处放置有袋盖口袋。其他部位与标准普通马甲基本一致。

2.运动西服马甲衣身设计(图4-83)

（1）衣长:后衣长从背长向下8~9cm,前下尖摆再向下8~9cm,前身比后身长8~9cm。

（2）领口:后领适量开深开宽,后领托的宽度在1.5cm左右,夹缝后领托后以保证不影响衬衫领高度。前领口开到胸围线。

（3）衣片:净胸围加放10cm松量,前身有腰省,采用与西服相同的面料,后衣身采用里绸,后片收省量占总省量的85%左右,并设有2.5cm宽腰带可调节腰围松量。袖窿深线超过西服胸围线以下3.5cm左右。前门襟搭门1.5~1.7cm,单门襟5枚扣,前身左右片共有2贴兜量,2带兜盖挖袋。

3.运动西服马甲(结构)纸样设计方法

（1）成品规格:按国家号型170/88A制订,如表4-17所示。

表4-17　运动西服马甲成品规格表　　　　单位:cm

部位	衣长	胸围	腰围	总肩宽	背长
尺寸	51.5	98	89	33	42.5

（2）马甲制板方法,如图4-84所示。

运动西服马甲制图基本过程可参照标准普通男西服马甲,不同具体细节如图4-84所示。

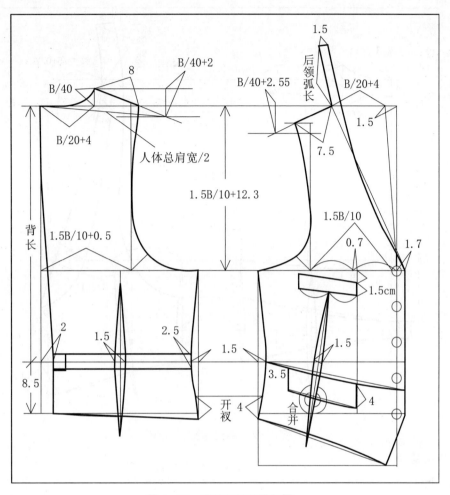

图 4-84 运动西服马甲制图

(四)略式礼服马甲

1.略式礼服马甲特点

这里主要是指与略式西装组合配套穿的马甲。衣身较合体,前下尖摆,后身上部省略,由前身延至后背呈宽腰带收于后腰部,其他部位与礼服马甲基本一致。

2.略式西服马甲衣身设计

(1)衣长:后背宽腰带参照基础马甲制定腰带,前身比后身长 4.5cm 左右。

(2)领口:后领转至前领口贴吊于脖颈。

(3)衣片:净胸围加放 10cm 松量,前身有腰省,采用与西服相同的面料,宽腰带可调节腰围松量。袖窿深线超过西服胸围线以下 6cm 左右。前门襟搭门 1.5～1.7cm,单门襟三枚扣。

3.略式礼服马甲(结构)纸样设计方法

(1)成品规格:按国家号型 170/88A 制订,如表 4-18 所示。

表 4-18 略式礼服马甲成品规格表   单位:cm

部位	衣长	胸围	腰围	总肩宽	背长
尺寸	51	98	82	33	42.5

(2)略式礼服马甲制板方法,如图 4-85 所示。

略式礼服马甲制图基本过程可参照礼服马甲,具体细节如图 4-85。

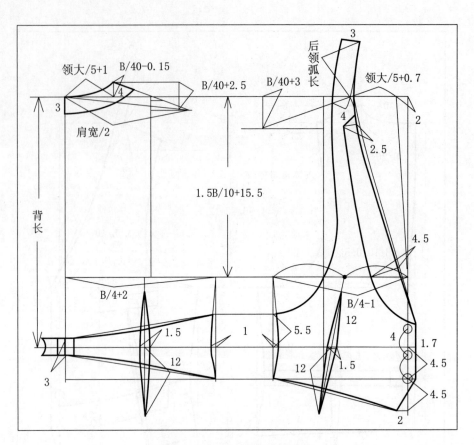

图4-85 略式礼服马甲制图

(五)休闲装马甲

1.休闲装马甲特点

这里主要是指外穿的马甲。构成形式与标准西服马甲基本相似,衣身较短、无领、衣身合体,造型变化较多,主要依马甲功能而定。此示例是一款设计有明贴兜拉链兜的摄影用休闲马甲。

2.摄影用休闲马甲衣身设计(图4—86)

(1)衣长:后衣长从背长向下8~10cm,前身比后身长1.5cm左右。

(2)领口:后领适量开深开宽,前领口开到胸围线左右。

(3)衣片:净胸围加放14cm松量,后身有腰省,前身略收省,后身设腰带可调节腰围松量。袖窿深线在胸围线以下6cm左右。前门拉链,前身左右片共有多个功能型明贴兜。

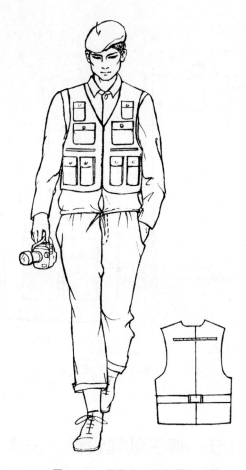

图 4 - 86　摄影用休闲马甲款式图

3. 摄影用休闲马甲(结构)纸样设计方法

(1)成品规格:按国家号型 170/88A 制订,如表 4 - 18 所示。

表 4 - 18　摄影用休闲马甲成品规格表

单位:cm

部位	衣长	胸围	腰围	总肩宽	背长
尺寸	51	100	96	33	42.5

(2)摄影用休闲马甲制板方法,如图 4 - 87 所示。

具体细节如图 4 - 87 所示。注意前片上下口袋为立体形状,中口袋为贴兜,横袋为拉链兜,后身上部设有横拉链兜。

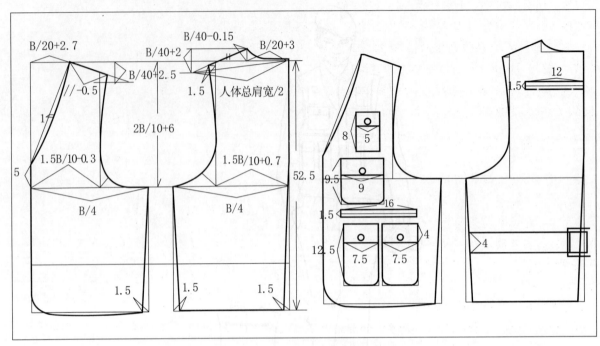

图4-87　摄影用休闲马甲制图

第九节　裤子纸样设计与技术

一、裤子的分类

裤子的产生无论中西方都比衣、裙要晚。现代男式裤子的造型也呈多元化发展,款式变化繁多,主要的基础裤型有直筒、喇叭、锥形、宽松、多褶裤型等,如图4-88所示。

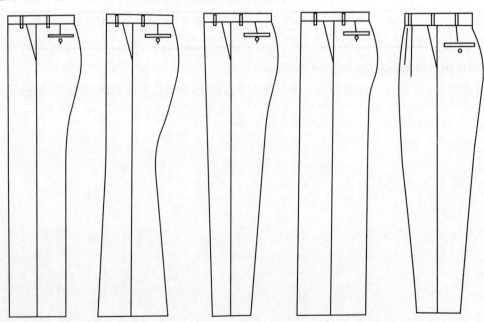

图4-88　基础裤型图(依次为直筒、喇叭、锥形、宽松、多褶裤型)

1.按长短分：有长裤、短裤、中长裤、三股裤等。

2.按裤口及腰口分：有紧身裤、锥子裤、筒裤、喇叭裤；连装裤、背带裤、高腰连腰裤等。

3.从用途上分：有高级礼服西裤、标准普通西裤、牛仔裤、运动裤、灯笼裤、马裤、健美裤、睡裤、滑雪裤、登山裤等。

4.从功能上分：有特种功能的军裤，各种劳动保护的裤子，防火、防酸、防碱功能的裤子等。

二、男裤的款式特点及设计方法

（一）男标准普通西裤的特点及裤型设计方法

1.标准西裤特点

这里主要是指和普通西服、办公套装、职业西服组合配套穿的裤子。裤型较合体，一般腰口可与人体腰围线平齐，也有中低腰口，立裆稍短的造型。前片有单倒褶和省，有侧缝直插袋或斜插袋，裤口自然收口与腰口、臀围、膝围协调一致。

2.标准男西裤裤型设计（图4-89）

（1）裤长与腰围：从腰围量至距地面2～2.5cm确立标准裤长，净腰围加放2cm，中低腰造型可从腰口递减2～2.5cm。

（2）臀围：臀围是造型的基础，应与配套的西装协调一致，因此净臀围加放量一般为12～16cm。主要还应视臀腰差量来控制，腰围肥者掌握加放量，按上限加放，反之按下限加放，同时调整好腰省量，以保障功能与造型的准确。

（3）立裆：人体净立裆加放1cm，成品立裆包括腰头宽。

（4）膝围与裤口围：裤口是造型的关键，根据臀围的尺寸西裤裤口采取略收口的造型，膝围其肥度应起顺应衬托裤型的作用，应略大于裤口。

3.标准男西裤（结构）纸样设计方法

（1）成品规格：按国家号型170/74A制订，如表4-19所示。

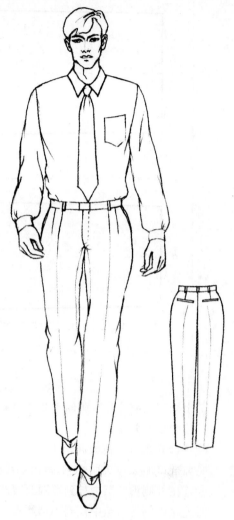

图4-89　标准男西裤款式图

表4-19　标准男西裤成品规格表

单位：cm

部位	裤长	臀围	腰围	立裆	裤口	腰头宽
尺寸	100	104	76	28.5	22	3

臀围加放14cm、腰围加放2cm、立裆加放1cm。

（2）标准男西裤制图基本步骤　前裤片基础结构线→后裤片基础结构线→前片腰围结构线→后片腰围结构线→完成线。

步骤1　基础结构线，如图4-90所示。

前片（以下序号为制图步骤顺序）

①裤长减腰头画上下平线。

②立裆减腰头宽画横裆线，平行于上平线。

③横裆至裤口的1/2向上5cm处画中裆平行线。

④总体高/10+1cm或参照立裆的2/3处画臀高平行线。

⑤H/4-1cm确定前片臀围肥。

⑥小裆宽计算公式为H/20-（0.5～1cm）。

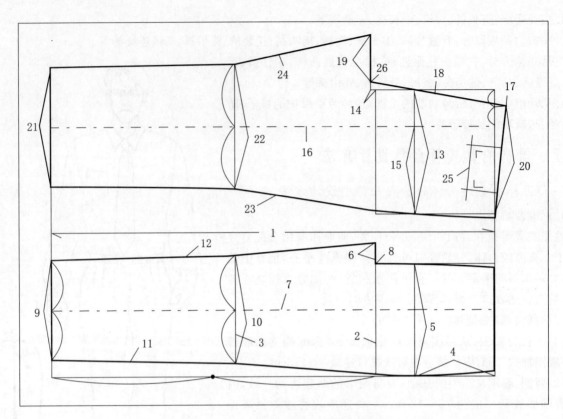

图4-90　标准男西裤基础结构线制图

⑦小裆宽加前片臀围肥的1/2画前裤线。

⑧前裆角平分线3cm。

⑨裤口减2cm由裤线向两边平分。

⑩前裤口加2cm为中裆围,再由裤线向两边平分。

⑪连接外侧裤口至中裆到臀围及腰部侧缝线。

⑫连接内侧裤口至中裆到小裆终点。

后片

后片裤长、立裆、中裆、臀高均同前片尺寸。

⑬H/4+1cm确定后片臀围肥。

⑭后片横裆平行下落1cm。

⑮后裤线位置计算公式为2/10H－1.5cm。

⑯画纵向裤片中线。

⑰裤线至后中线的1/2处为大裆起翘点,垂直起翘 H/20－2.5cm。

⑱大裆起翘点与后中臀围肥的臀高点连接,画斜线交于落裆线线上。

⑲大裆宽为臀围肥的1/10,在大裆斜线与落裆交点处外延画大裆宽线段长。

⑳后腰围尺寸为 W/4+1+4cm(省),由大裆起翘点位画起与上平线相交。

㉑裤口＋2cm为后裤口,由后裤线向两边平分。

㉒后裤口＋2cm为后中裆围,由后裤线向两边平分。

㉓连接外侧裤口至中裆到臀围肥至腰部侧缝线。

㉔连接内侧裤口至中裆到大裆宽终点。

㉕平行于后上腰口线间距7.5cm画后袋口线,袋口长14cm,距侧缝4cm,袋口两端点各进2cm画后腰省位置,省长8.5cm。

㉖ 大裆处角平分线 2.3～2.5cm。

步骤 2　男西裤腰围结构及完成线,如图 4-91 所示。

前片

①W/4－1＋5cm(褶省)为前腰围肥,侧缝收省 1.5cm,前中收省 1cm(撇肚量),以裤线位置为基准设后倒褶 3cm,腰省 2cm。

②圆顺腰围至臀围到脚口处侧缝弧线,横裆侧缝处进 0.5cm,横裆至中裆处收 0.5cm,侧插袋 15cm。

③圆顺腰至臀围及小裆弧线。

④圆顺小裆至中裆到裤口内侧缝弧线,小裆至中裆处收 0.7cm。

⑤前脚口中线收进 0.5cm 画顺裤口线。

⑥门襟宽 3.5cm。

后片

⑦W/4＋1＋5cm(省)为后腰肥,腰口 2 个省,宽度各为 2cm,省长 8.5cm。

⑧圆顺腰围至臀围到裤口外侧缝弧线,横裆侧缝处进 1cm,横裆至中裆处收 0.8cm。

⑨圆顺大裆斜线至大裆弧线。

⑩圆顺大裆至中裆到裤口内侧缝弧线,大裆至中裆处收 1.3cm。

⑪后裤口中线外出 0.5cm 画顺裤口线。

⑫腰头宽 3cm,以 1/2 腰围长画左、右腰头,右片加放底襟 3.5cm。

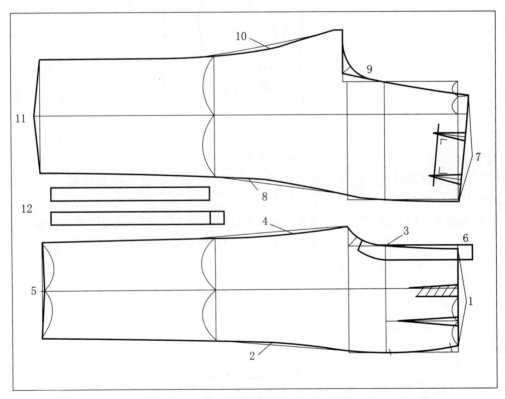

图 4-91　标准男西裤结构完成线制图

(二)男牛仔裤的特点及裤型设计方法

1.牛仔裤特点

牛仔裤型一般都较紧身或很合体,腰口可与人体腰围线平齐,但近年来流行中低腰口立裆短的造型。前片和后片设不同形式的斜插袋、贴袋,裤口有直筒、细筒、喇叭筒等,不同的裤口要结合腰口、臀围、膝围协调一致。

2.男微喇叭口牛仔裤裤型设计(图4-92)

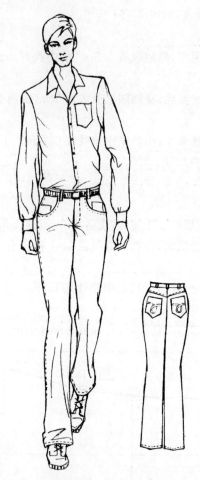

图4-92 男微喇叭口牛仔裤款式图

(1)裤长与腰头:从腰围量至距地面1.5～2cm确立标准裤长,腰头加放2cm,低腰短立裆款式可在腰口向下减量,此款减掉2cm。

(2)臀围:臀围是造型的基础,因此净臀围加放量一般为4～6cm。主要还应视臀腰差量来控制,腰围肥者掌握加放量,按上限加放,反之按下限,同时调整好基础腰省量,以保障功能与造型的准确。

(3)立裆:人体净立裆加放0.5cm或不加。

(4)膝围与裤口围:裤口是造型的关键,由于此款牛仔裤是喇叭口故为强调裤子的整体形式,膝围肥度参照裤口要适当收紧,中裆位置需要比西裤多向上移动一些,以起顺应衬托裤型的作用。

3.男微喇叭口牛仔裤(结构)纸样设计方法

(1)成品规格:按国家号型170/74A制订,如表4-20所示。

表4-20 男微喇叭口牛仔裤成品规格表 单位:cm

部位	裤长	臀围	腰围	立裆	裤口	腰头宽
尺寸	103	94	76	25	23	3

臀围加放4cm、腰围加放2cm、立裆为净立裆尺寸。

(2)牛仔裤纸样设计主要步骤,如图4-93所示。

基础结构计算、制图步骤与方法参照男西裤制图。

① 前裤片臀围与腰围计算公式为 H/4-1cm、W/4-1cm,前片臀腰差共4.5cm。侧缝收1.5cm,前中收省1.5cm,其余2cm设于前口袋位置。

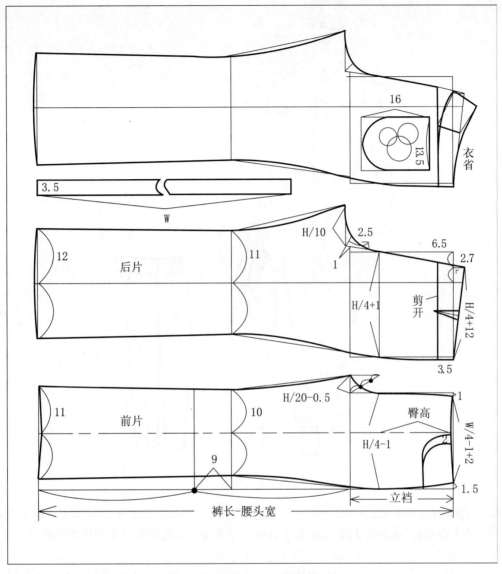

图4-93 男微喇叭牛仔裤制图方法

②中档为横档至裤口的1/2处上移9cm,前裤口为裤口-1cm,均分于裤线两边。中档参照前裤口减1,实际尺寸均分于裤线两侧。

③后裤片臀围与腰围计算公式为H/4+1cm、W/4+1cm,后片实际腰围W/4+1+2.5cm省。

④后裤片腰围下分割线剪开,采用纸样将省合并收掉取得上部分纸样。

⑤后裤线位置计算方法为2H/10-1.5cm,大档斜线起翘H/20-1.7cm。

(三)男多褶裤的特点及裤型设计方法

1.多褶裤特点

多褶裤型臀腰差要求较大,因此要依据造型进行差量设计,按照款式要求褶量一般都要集中在裤前片,腰口与人体腰围线平齐。而后片腰部不要设褶应保持正常的省量,因此后片臀部也应该尽量保障合体的松量,合理地分配好前后片的臀腰差量极其重要。前片和后片设不同形式的斜插袋、直横袋,为保证整体型,裤口要收紧。

2.男多褶裤裤型设计(图4-94)

(1)裤长与腰头:从腰围量至距地面2~2.5cm确立裤长,较西裤稍短,腰头加放2cm。

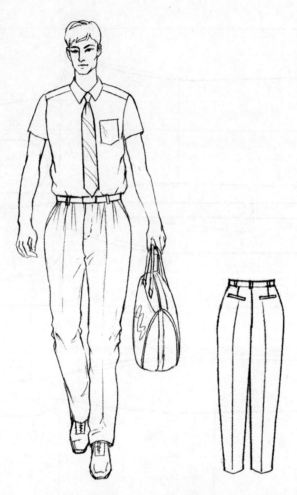

图4-94　男多褶裤款式图

（2）臀围：臀围是造型的基础，因此净臀围加放量一般为16～20cm。主要还应视臀腰差量来控制，腰围肥者掌握加放量，按上限加放，反之按下限，同时调整好腰褶量及褶位以保障腰部多褶的造型要求。

（3）立裆：人体净立裆加放1.5～2cm。此款不适合短立裆设计。

（4）膝围与裤口围：裤口是造型的关键，多褶裤强调上肥下瘦的整体形式，膝围肥度与裤口要协调，适宜收紧，中裆位置需要适中，无需向上移动，起顺应衬托裤型的作用。

3.男多褶裤（结构）纸样设计方法

（1）成品规格：按国家号型170/74A制订，如表4-21所示。

表4-21　男多褶裤成品表规格表

单位：cm

部位	裤长	臀围	腰围	立裆	裤口	腰头宽
尺寸	98	108	76	29	23	3

臀围加放18cm，腰围加放2cm，立裆加放1.5cm。

（2）多褶裤纸样设计主要步骤，如图4-95所示。

① 前裤片臀围与腰围计算公式为H/4+1.5cm、W/4+1cm，前片臀腰差共8.5cm。侧缝收1.5cm省，其余7cm平均设三个褶均衡于前腰口。

② 中裆为横裆至裤口的1/2处，前裤口为裤口-1cm均分于裤线两边。中裆参照连接侧缝后的实际尺寸均分于裤线两侧。

③ 后裤片臀围与腰围计算公式为H/4-1.5cm、W/4-1cm，后片臀腰差共7.5cm，后片实际腰围W/4-1+4cm（省）。

④ 后裤线位置参照合体裤子的臀围计算取得,为 18.5cm,大裆斜线腰口收省 3.5cm,大裆斜线起翘量为 $H/20-2.7cm$。

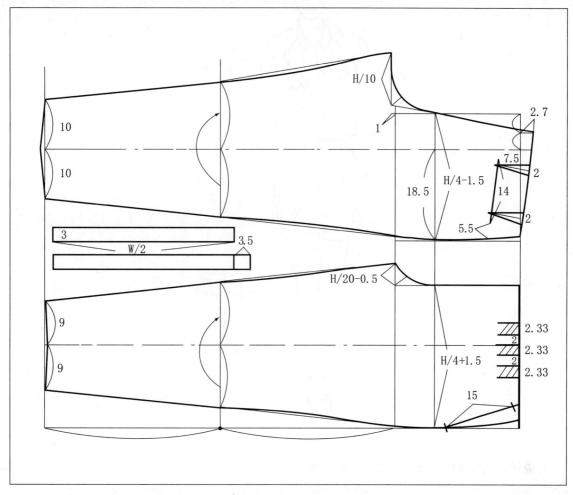

图 4-95　男多褶裤纸样设计

(四)男短西裤的特点及裤型设计方法

1.男短西裤特点

短西裤与普通西裤相似,裤型较合体,一般腰口可与人体腰围线平齐,立裆适当加深,前片有单倒褶和省,有侧缝直插袋或斜插袋,裤口与长度协调一致。

2.男短西裤裤型设计(图 4-96)

(1)裤长与腰头:裤长一般在膝上,腰围加放 2cm 松量。

(2)臀围:臀围是造型的基础,因此净臀围加放量一般为 16～20cm。主要还应视臀腰差量来控制,腰围肥者掌握加放量,按上限加放,反之按下限,同时调整好腰褶量及褶位,以保障腰部的造型要求。

(3)立裆:人体净立裆加放 1.5～2cm。大裆落裆 2cm 左右,大于标准西裤。

(4)裤口围:裤口要与裤型协调,适当收紧,前裤口与后裤口差距较大,以保障运动功能需要。

3.男短西裤(结构)纸样设计方法

(1)成品规格:按国家号型 170/74A 制订,如表 4-22 所示。

表 4-22　男短西裤成品规格表　　　　　　　　　　　　　　　　　单位:cm

部位	裤长	臀围	腰围	立裆	裤口	腰头宽
尺寸	48	106	76	29	31.5	3

图4-96 男短西裤款式图

(2)男短西裤纸样设计主要步骤,如图4-97所示。

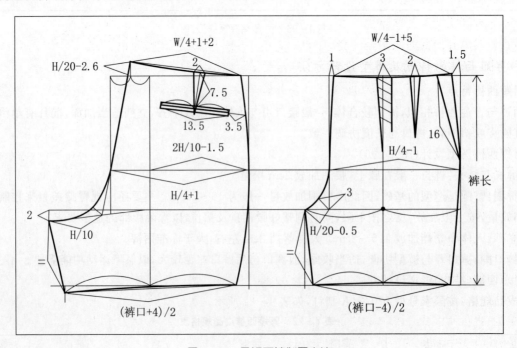

图4-97 男短西裤制图方法

基础结构计算方法参照男西裤

①前裤片臀围与腰围计算公式为 H/4−1cm、W/4−1cm,前片臀腰差共 7.5cm。

②前裤口为裤口−4cm 均分于裤线两边。

③后裤片臀围与腰围计算公式为 H/4+1cm、W/4+1cm,后片臀腰差共 7.5cm,后片实际腰围 W/4+1+2cm(省)。

④后裤线位置 2H/10−1.5cm,大裆斜线起翘量 H/20−2.6cm,落裆 2cm 较大,注意调整前后裆下线,长度需相等。

⑤后裤口为裤口+4cm,均分于裤线两边。

第十节 男外套纸样设计与技术

一、外套的分类

男式外套不言而喻是上衣最外面的服装,其用途是防风、防雨、挡寒、修饰人的作用。其采用的款式因穿用的场合而有所不同。如在礼仪场合需要穿的礼服大衣,日常生活穿的便装大衣,流行时装大衣,工作时穿的外套等。款式多样,造型以宽松直身型为主。

1.从长短上分:有长大衣、中长大衣、短大衣等。

2.从用途上分:有礼服外套系列(双排扣戗驳领大衣、单排暗扣平驳领大衣)、便装外套系列(波鲁外套、巴尔玛外套)、风雨衣外套系列(插肩袖风雨大衣、中长风衣)、生活装系列(大翻领装袖中长或长斜插袋便装大衣、插肩袖中长或长大衣、半插肩袖外套、插肩三片袖中长或长大衣)。

3.从功能上分:有特种功能的军大衣,各种劳动保护的外套,防火、防酸、防碱外套茄克等。

二、男大衣的款式特点及设计方法

(一)双排扣戗驳领礼服大衣的特点及衣身设计

1.双排扣戗驳领礼服大衣特点

此款大衣是与礼服式西服组合配套穿的大衣。其结构与西服结构基本一致,整体组合成适量略收腰的 H 形,舒适完美合体。外套颜色以深色为主,左衣片前胸上有手巾袋,前身有左右对称的两个有袋盖的横口袋,袖开衩设三枚扣。门襟双排6 枚扣戗驳领,翻领可采用天鹅绒面料。

2.双排扣戗驳领礼服大衣衣身设计(图 4−98)

(1)后衣长:从第七颈椎量至膝围下 15～20cm 确立标准衣长,也可从地面减 25cm 左右,采用三开身结构。

(2)胸围:胸围是造型的基础,参照配套西服尺寸再加放 8～10cm 松量,以保障功能与造型需要。前后宽的计算公式可参照西服公式,依据人体状态如果想获得肩较宽的造型,其后宽计算公式中的调节量可适当增加,反之减量。袖窿深胸围线位置参照内穿的西服胸围线下降 2～2.5cm。

(3)腰围:根据西服造型,腰围松量在西服腰围基础上加放10～12cm 松量。腰围线比照西服腰围下移 1～1.5cm。

(4)臀围:应与配套的西装协调一致,因此在西服臀围基础

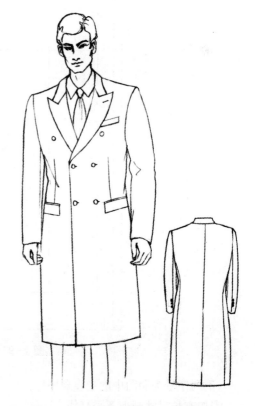

图 4−98 双排扣戗驳领礼服大衣款式图

上加放量一般为 10～14cm。1/2 腰围收省量为 8cm 左右,后中线收省,后倾斜度要大一些。

(5)摆围:摆围松量根据大衣造型可适量放摆,如果是直身型参照胸围松量尽量少放一些。后中线下摆收省量不能少于 4.5cm,放摆量主要在三开身结构的后侧缝,以保障衣片背部饱满、自然吸腰、下摆不翘的立体状态。

(6)袖子:采用同西服相同的两片袖结构。袖子结构采用高袖山(以袖窿圆高为袖山高)的方法以确立袖肥。

3.双排扣戗驳领礼服大衣(结构)纸样设计方法

(1)成品规格:按国家号型 170/88A 制订,如表 4-23。

表 4-23　双排扣戗驳领男礼服大衣成品规格表　　　　　　　　　　　　　　单位:cm

部位	衣长	胸围	腰围	臀围	腰节	总肩宽	袖长	袖口
尺寸	110	114	102	102	45	47	62	17

(2)双排扣戗驳领男礼服大衣制板方法

男礼服大衣前后片基础结构线,如图 4-99 所示。

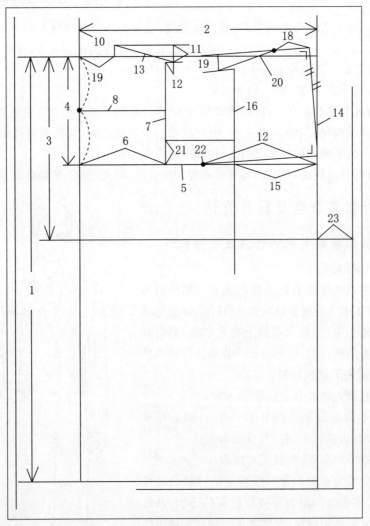

图 4-99　男礼服大衣前后片基础结构线

(下列序号为制图中的步骤顺序)

①按衣长尺寸画上下平行线。

②以 B/2＋3cm（省）画横向围度线。

③后腰节长 45cm。

④袖窿深，其尺寸计算公式为 1.5B/10＋9.5cm。

⑤为胸围横向线。

⑥画后背宽，其尺寸计算公式为 1.5B/10＋5cm。

⑦画后背宽垂线。

⑧画后背宽横线，为后领深至胸围的 1/2 处。

⑨画后领宽线，其尺寸计算公式为 0.8B/10，或参照西服领宽加 0.5cm。

⑩画后领深，其尺寸计算公式为 B/40。

⑪后落肩，其尺寸计算公式为 B/20－1.5cm 或 B/40＋1.35cm。

⑫从后背宽垂线制定冲肩量为 2cm，此点为后肩端点。

⑬画后小肩斜线，连接后颈侧点与肩端点。

⑭画前中线。

⑮画前胸宽线，其尺寸计算公式为 1.5B/10＋3.5cm。

⑯画前胸宽垂线。

⑰以 B/4 从袖窿谷底点起始，在前中线抬起 2cm 做撇胸，上平线抬起 2cm 成直角（同男西服做撇胸方法）。

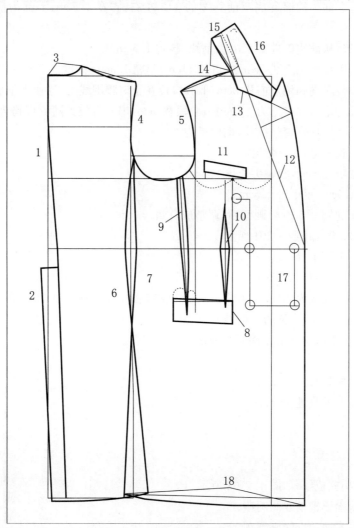

图 4－100　男礼服大衣完成线制图

⑱画前领宽,其前领宽尺寸同后领宽。

⑲前落肩,其尺寸计算公式为 B/20－1.5cm,或 B/40＋1.35cm 画平行线于撇胸的上平线。

⑳画前小肩斜线,量取后小肩斜线实际长度,减 0.7cm 省量,从前颈侧点开始交至前落肩线。

㉑画前、后袖窿弧的辅助线,其尺寸计算公式为 B/40＋3cm,平行于胸围线。

㉒画袖窿谷底点。

㉓搭门宽 8cm,画前止口线。

男礼服大衣前后片结构完成线,如图 4－100 所示。

①画后中线,胸围处收 1cm,后腰节收 2.5cm,下摆缝收 5cm。

②画后开衩,上位置从腰围线下移 5cm,开衩宽 4cm。

③画领窝弧线。

④画后袖窿弧线,从后肩端点起自然相切于后背宽线,过后角平分线 3.5cm 左右,交于袖窿谷底。

⑤画前袖窿弧线,从前肩端点起自然相切于袖窿弧的辅助线,过角平分线 3cm 左右,交于袖窿谷底。

⑥后片侧缝腰部收省 1.5cm,下摆扩展 4cm 摆量。

⑦前片腋下侧缝胸部收省 0.5cm,侧缝中腰省 1.5cm,下摆扩展 2cm 摆量。

⑧确定前下口袋位,横向前胸宽的 1/2,纵向腰节向下 12cm 左右,口袋长 17cm,后部起翘 1cm,袋盖宽 6.5cm。

⑨确定腋下省位置,上部为袖窿谷底至前胸宽的 1/2 左右,省宽 1.5cm,下部为前胸宽垂线至袋口位的 1/2,中腰省宽 2cm。

⑩确定前中腰省位置,从前袋口进 1.5cm 做垂线,腰省 1.5cm。

⑪确定上袋口位置,距前胸宽垂线 3cm,袋口长 11cm,起翘 1.5cm,高度 2.5cm。

⑫画驳口线,上驳口位顺前颈侧点前移 2cm,下驳口位在止口腰围线上,连接上下驳口位两端点。

⑬画串口线,驳口线与串口线夹角为 40°左右,驳领宽 9cm,串口线位置随流行趋势而变化。

⑭画领下口长,其长度同后领窝弧线长,倒伏量为 2.5cm。

⑮后中总领宽 7cm,底领宽 3cm,翻领宽 4cm。

⑯画领外口弧线,领嘴长 4cm,驳领尖长出 2.5cm。

⑰双排扣扣位间距 15cm,距止口 2.5cm。

⑱画下摆线,在侧缝起翘 0.5cm 处画圆顺,调整成直角。

男礼服大衣袖子基础线,如图 4－101 所示。

①确定袖长尺寸,画上下平行线。

②袖肘长度计算公式为袖长/2＋5cm。

③袖山高,其尺寸计算公式为 AH/2×0.7－0.5cm 或前后袖窿平均深度的 4/5(即前肩端点至胸围线的垂线长加后肩端点至胸围线的垂线长的一半的五分之四)。

④以 AH/2 从袖山高点画斜线交于袖肥线来确定 1/2 肥量。

⑤为袖肥线。

⑥画大袖前袖缝,袖肘处收进 1cm。

⑦画小袖前袖缝,袖肘处收进 1cm。

⑧画袖口长。

⑨画后袖缝辅助线。

⑩画小袖弧辅助线。

男礼服大衣袖子结构完成线,如图 4－102 所示。

①画大袖山前弧线,参照辅助线画圆顺。

②画大袖山后弧线,参照辅助线画圆顺。

③画小袖弧线,参照辅助线画圆顺。

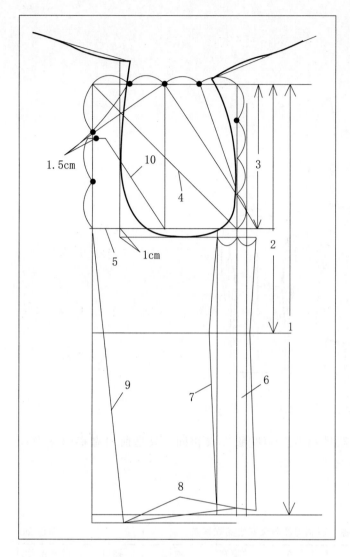

图 4 - 101 袖子基础线

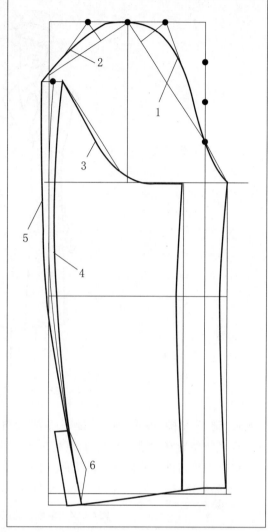

图 4 - 102 袖子完成线

④后小袖缝弧线,画圆顺。

⑤后大袖缝弧线,画圆顺。

⑥袖开衩长 10cm,宽 2cm。

(二)单排扣暗门襟平驳领礼服大衣的特点及衣身设计

1.单排扣暗门襟平驳领礼服大衣特点

此款大衣也是与礼服式西服组合配套穿的大衣。其结构与西服结构基本一致,整体组合成适量略收腰的 H 形,舒适完美合体。外套颜色以深色为主,左衣片前胸上有手巾袋,前身有左右对称的两个有袋盖的横口袋,袖开衩设三枚扣以上,与双排扣戗驳领礼服大衣相同。门襟采用单排暗扣平驳领,翻领也可采用天鹅绒面料。

2.单排扣暗门襟平驳领礼服大衣衣身设计(图 4 - 103)

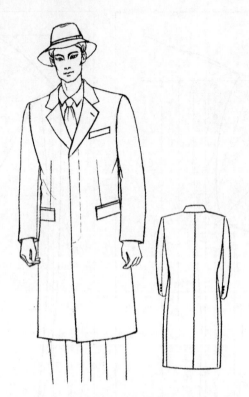

图 4-103　单排扣暗门襟平驳领礼服大衣款式图

衣长、胸围、腰围、臀围、摆围、袖子等部位与双排扣戗驳领礼服大衣相同。只是前门襟搭门宽设计3.5cm,平驳领位置在胸围线上下,驳领宽9cm,后领宽7.5～8cm。

3.单排扣暗门襟平领礼服大衣(结构)纸样设计方法

(1)成品规格:按国家号型170/88A制订,如表4-24。

表4-24　单排扣暗门襟平驳领男礼服大衣成品规格表　　　　　　　　　　单位:cm

部位	衣长	胸围	腰围	臀围	腰节	总肩宽	袖长	袖口	衬衫领大
尺寸	110	114	102	102	45	47	62	17	41

(2)单排扣暗门襟平驳领男礼服大衣制板方法详细步骤参照双排扣戗驳领礼服大衣,其结构如图4-104所示。

主要制图计算公式如下:

①按衣长尺寸画上下平行线。

②以 B/2+3cm(省)画横向围度线。

③后腰节长45cm。

④袖窿深,计算公式为1.5B/10+9.5cm。

⑤后背宽,计算公式为1.5B/10+5cm。

⑥后领宽线,计算公式为1/5 领大+1。

⑦后领深,计算公式为B/40-0.15。

⑧前后落肩,计算公式为B/20-1.5cm。

⑨从后背宽垂线制定冲肩量为2cm,此点为后肩端点。

⑩前中线搭门4.5cm。

⑪前胸宽,计算公式为1.5B/10+3.5cm。

⑫以 B/4 从袖窿谷底点起始,在前中线抬起2cm做撇胸,上平线抬起2cm成直角(同男西服做撇胸方法)。

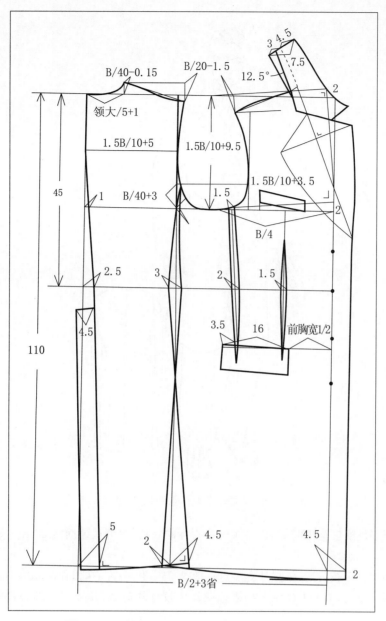

图 4 - 104　单排扣暗门襟平驳领男礼服大衣结构图

⑬前领宽尺寸同后领宽。

⑭前小肩斜线,量取后小肩斜线实际长度,减 0.7cm 省量,从前颈侧点开始交至前落肩线。

⑮袖窿谷底点收 1.5cm 省。后中缝下摆收 5cm,侧缝下摆放摆共 6.5cm。

⑯袖子制图,袖山高为前后袖窿均深的 4/5 左右。

(三)大翻领装袖斜插袋便装大衣的特点及衣身设计

1.大翻领装袖斜插袋便装大衣特点

此款大衣为日常生活穿的大衣。其结构与西服结构基本相似,整体造型较宽松,采用腰带略收腰的 H 形,舒适自然合体。外套颜色深色和浅色均可。前身有左右对称的两个袋板式斜插口袋的设计,更方便实用,通常可设计成双排扣形式也适宜单排扣形式,袖开衩,设装饰三枚装饰扣。

2.大翻领装袖斜插袋便装大衣衣身设计(图 4 - 105)

图 4-105 大翻领装袖斜插袋便装大衣款式图

(1)后衣长:从第七颈椎量至膝围下 15～20cm 确立标准衣长,也可从地面减 25cm 左右。采用无腋下片三开身结构设计。

(2)胸围:净胸围加放量较灵活,依据外套特点一般为 25～30cm 左右,以保障功能与造型需要。前后宽的计算公式可参照西服的公式,依据人体状态如果想获得肩较宽的造型,其后宽计算公式中的调节量可适当增加,反之减量。

(3)腰围:腰围加放松量视腰围条件而定,放量可超过胸围松量。腰围线比照西服腰围下移 1～1.5cm。

(4)臀围:其松量视摆围自然放量,但后中线后倾斜度要大一些。

(5)摆围:摆围松量根据大衣造型可适量放摆。

(6)领子与袖子:总领宽为 8.5～9cm,宽领型与宽驳领在设计中协调统一。一般采用两片袖结构。袖子结构采用高袖山(以袖窿圆高为袖山高)的方法以确立较立体舒适的袖型,也可以适当调整袖山高度增加袖肥,可以获得更好的运动功能。

3.大翻领装袖斜插袋便装大衣(结构)纸样设计方法

(1)成品规格:按国家号型 170/88A 制订,如表 4-25。

表 4-25　大翻领装袖斜插袋便装大衣成品规格表

单位:cm

部位	衣长	胸围	腰围	臀围	腰节	总肩宽	袖长	袖口	衬衫领大
尺寸	110	115	100	116	45	48	64	17.5	41

(2)大翻领装袖斜插袋便装大衣制板方法基本步骤参照双排扣戗驳领礼服大衣,具体结构线制图如图 4-106 所示。主要制图计算公式如下:

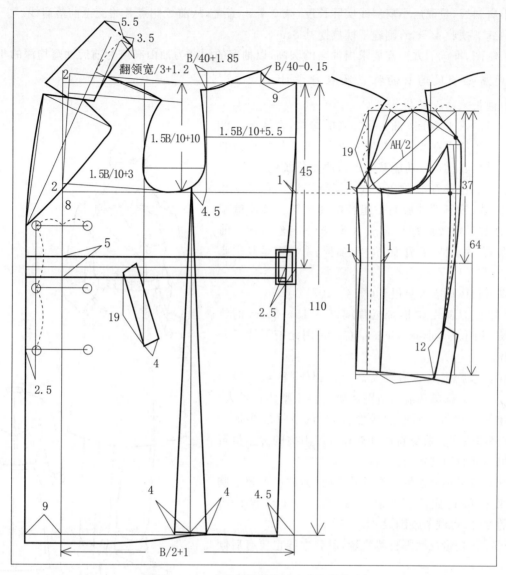

图 4 - 106 大翻领插袋便装大衣制图方法

①按衣长尺寸画上下平行线。

②以 B/2＋1cm(省)画横向围度线。

③后腰节长 45cm。

④袖窿深,计算公式为 1.5B/10＋10cm。

⑤后背宽,计算公式为 1.5B/10＋5.5cm。

⑥后领宽线,计算公式为 1/5 领大＋1。

⑦后领深,计算公式为 B/40－0.15。

⑧前后落肩,计算公式为 B/40＋1.85cm。

⑨从后背宽垂线制定冲肩量为 2cm,此点为后肩端点。

⑩前中线搭门 9cm。

⑪前胸宽,计算公式为 1.5B/10＋3cm。

⑫以 B/4 从袖窿谷底点起始,在前中线抬起 2cm 做撇胸,上平线抬起 2cm 成直角(同男西服做撇胸方法)。

⑬前领宽尺寸同后领宽。

⑭前小肩斜线,量取后小肩斜线实际长度,减0.7cm省量,从前颈侧点开始交至前落肩线。

⑮后中缝下摆收4.5cm,侧缝下摆放摆共8cm。

⑯袖子制图,准确的方法需要求出袖窿的圆高,以袖窿的圆高为袖山高或为前后袖窿均深的4/5。

(四)插肩袖长风雨衣的特点及衣身设计

1.插肩袖长风雨衣特点

插肩袖风雨衣来源于欧洲士兵穿着的壕服,发展至今已成为现代日常生活中春秋时节的便装外套,各类长短规格的形式都有。虽然其结构与功能基本保留原始传统的形式,但无论材料、工艺、色彩等都融合了现代流行元素。它可以和任何西服、时装、毛衫等衣服自由组合配套穿着。整体造型较宽松,采用腰带略收腰的H形或X形,舒适自然合体。前身右片育克、后片雨披、插肩袖、肩袢、袖袢、系腰带是其主要设计特点。

2.插肩袖长风雨衣衣身设计(图4-107)

(1)后衣长:从第七颈椎量至膝围以下15~20cm的位置确立衣长,也可从地面减25cm左右。采用无腋下片三开身结构设计。

(2)胸围:净胸围加放量较灵活,依据外套特点一般为25~30cm左右,以保障功能与造型需要。由于整体松量大,前后宽的计算公式可参照西服线性公式,调节量应多加一些,以保障肩部较宽。前身右片育克和后片雨披的造型虽可任意设计但不能忽视其功能作用。

(3)腰围:腰围加放松量视腰围条件而定,放量可超过胸围松量。腰围线比照西服腰围下移1~1.5cm,设计有4.5cm宽的腰带,可调节腰围尺寸。

(4)臀围:其松量视摆围自然放量,但后中线也要有后倾斜度。

(5)摆围:摆围松量根据大衣造型可适量放摆。

(6)领子与袖子:领子设计为有可翻立起的底领,总领宽为9~10cm,也有带帽子的形式。袖子一般采用两片全插肩袖结构,袖口较宽,通常都有袖袢的设计。

图4-107 插肩袖风雨衣款式图

3.插肩袖长风雨衣(结构)纸样设计方法

(1)成品规格:按国家号型170/88A制订,如表4-26。

表4-26 插肩袖长风雨衣成品规格表 单位:cm

部位	衣长	胸围	腰围	臀围	腰节	总肩宽	袖长	袖口	衬衫领大
尺寸	115	116	115	116	45	50	65	17.5	42

(2)插肩袖长风雨衣主要制图方法。

基础线制图步骤如图4-108所示:

①按衣长尺寸画上下平行线。

②以B/4画横向围度线。

③后腰节长45cm。

④袖窿深,计算公式为1.5B/10+11.5cm。

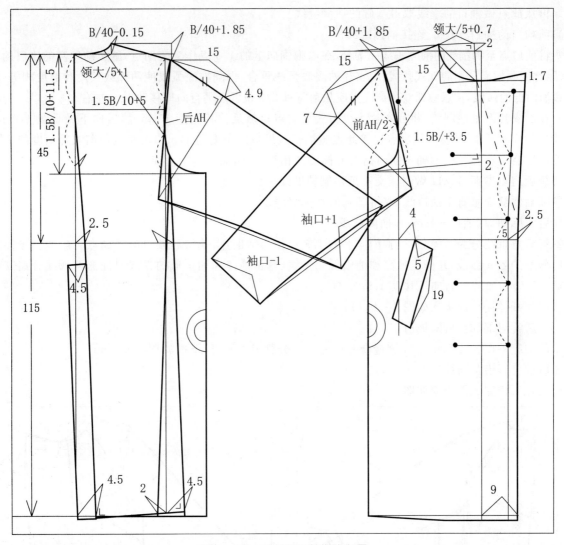

图 4-108　男风雨衣结构线制图

⑤后背宽,计算公式为 1.5B/10+5cm。

⑥后领宽线,计算公式为 1/5 领大+1。

⑦后领深,计算公式为 B/40-0.15。

⑧前后落肩,计算公式为 B/40+1.85cm。

⑨从后背宽垂线制定冲肩量为 2cm,此点为后肩端点。

⑩前中线搭门 9cm。

⑪前胸宽,计算公式为 1.5B/10+3.5cm。

⑫以 B/4 从袖窿谷底点起始,在前中线抬起 2cm 做撇胸,上平线抬起 2cm 成直角(同男西服做撇胸方法)。

⑬前领宽,计算公式为 1/5 领大+0.7。

⑭前小肩斜线,量取后小肩斜线实际长度,减 0.7cm 省量,从前颈侧点开始交至前落肩线。

⑮后中缝下摆收 4.5cm,侧缝下摆放摆共 6.5cm。

⑯袖子制图,需要在前衣片及袖窿制图,将前衣片小肩斜线从肩点自然延长其长度 15cm,然后向下做垂线 7cm(根据功能与造型定),从肩点连接此点画袖长线形成的角度约 25°。

⑰从肩点参照前 AH 弧线的 1/2 位置画斜线,线的长度为前 AH。从此线终点做袖中线的垂线获得袖

山高。再从此点做袖口的垂线取得基础的袖侧缝线。

⑱前袖口为袖口－1cm,连接袖侧缝线。

⑲将前肩点至胸围线的前宽垂线三等分,在以胸围向上的1/3点作为辅助点,画至前领窝的连肩的辅助线,参照此线画插肩分割的款式弧线,与衣片袖窿底弧线重合,再画袖底弧线使两弧线长度和曲度相等(修正袖窿和袖山低的弧线,注意两弧线分离支点应从前宽垂2/3位置点平行向里移动1cm左右)。

⑳在后衣片及袖窿制图,将后衣片小肩斜线从肩点自然延长其长度15cm,然后向下做垂线4.9cm(此线占前片相应垂线的70%),从肩点连接此点画袖长线形成的角度约17.5°,此角度占前衣片角度的7/10。

㉑从后肩点在袖长线上确定袖山高与前袖山高相等,并做袖肥辅助垂线。

㉒从后肩点参照后AH做斜线交于后袖肥辅助线上。

㉓画袖侧缝线垂直于袖口线,取得基础的袖侧缝线。

㉔后实际袖口(袖口＋1cm)画袖侧缝线。

㉕将后宽垂线分为三等分,以胸围向上的1/3点作为辅助点,连接后领口的辅助点画斜线。参照此线画插肩分割的款式弧线,并修正袖窿和袖山低的弧线(修正袖窿和袖山低的弧线时注意两弧线分离支点应从前宽垂2/3位置点平行向里移动1cm左右)。

后衣片纸样完成图步骤如图4－109所示。

①在后背肩部加出后雨披肩。

②后中缝下摆收4.5cm,1/4侧缝合并后将衣片分割成三开身,下摆放摆共6.5cm。

③后袖剪开借与前袖片。

前衣片纸样完成图步骤如图4－110所示。

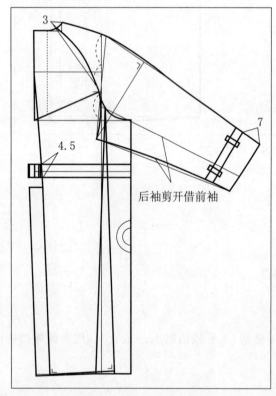

图4－109　后衣片纸样完成图

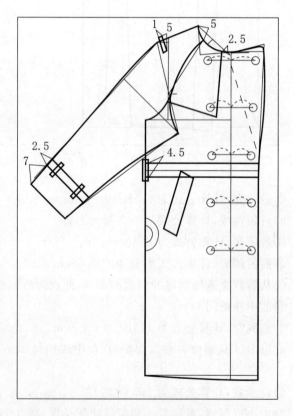

图4－110　前衣片纸样完成图

①在右片前胸部根据设计加出育克造型。

②修正袖中线成弧线,确定肩襻、袖襻及腰带位置。

领子结构制图步骤如图4-111所示。

翻领5.5cm,底领3.5cm,领翘8cm,前领翘4.5cm。肩襻长按肩线长定,宽4.5cm。

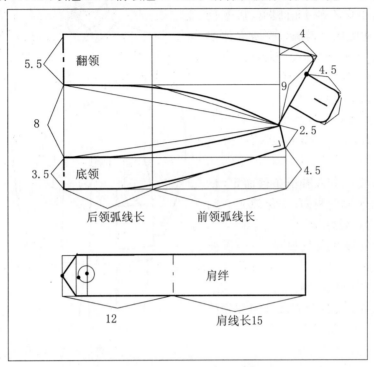

图4-111 风雨衣领子、肩襻纸样

第十一节 生活装、休闲装纸样设计与技术

一、生活装、休闲装的分类

男式生活装是指日常生活、学习、工作中除西服外较为正式一些场合中穿着的上衣。如中山服(特殊场合为男礼服)、立领式西便装、学生装、军便装、中西式便装等。休闲服装主要是指在日常生活非正式场合中外出上街、游玩、运动、旅游锻炼等活动时随意的着装。其采用的款式因穿用的场合变化而有所不同。款式风格多样,造型以宽松直身型为多数,也不乏有紧身合体的形式,如健美运动服、牛仔服等。

1.从款式上分:生活装有中山服、立领式西便装、学生装、军便装、中西式便装等。休闲装有茄克、牛仔服、运动服。

2.从用途上分:正式中山服、大学生装,具体项目运动服、唐装、休闲茄克、商务茄克等。

二、生活装、休闲装的特点及衣身设计

(一)中山服特点及衣身设计

1.中山服的特点

中山服有其时代的特征,为民国时期至20世纪60年代生活中中国男士的正式服装。发展至今,平常生活中穿着较少,但在一些传统活动中把它作为国服,因此仍有穿着的机会。中山服的款式与结构形式基

本定型,只是依据不同场合选择不同面料和工艺处理方法,分为正式场合穿着的全里子正装中山服套装和一般生活中穿着的无里子的单件中山服。正装中山服套装面料以毛料为主,颜色为深色和灰色。一般生活中穿着的中山服面料、颜色可以多样。中山服结构吸取了西服三开身立体塑型方法,而定形封闭的领型、左右衣片对称四口袋的造型充分体现了东方人稳重的气质。

2.中山服的衣身设计(图4-112)

(1)后衣长:占总体高的45%左右。

(2)胸围:净胸围加放量一般为18~22cm左右,修饰出宽厚的体积感。

(3)腰围:腰围加放松量视腰围条件而定,标准体一般可以与胸围加放量相同,应保障1/2胸腰差为6~8cm的收省量较好。

(4)臀围:其松量视腰围自然放量,一般需要有10~12cm的松量。

(5)摆围:摆围视臀围可适量放松。

(6)领子与袖子:领子设计为有底领和翻领的中山服式立领,总领宽为7cm。

3.中山服(结构)纸样设计方法

(1)成品规格:按国家号型170/88A制订,如表4-27。

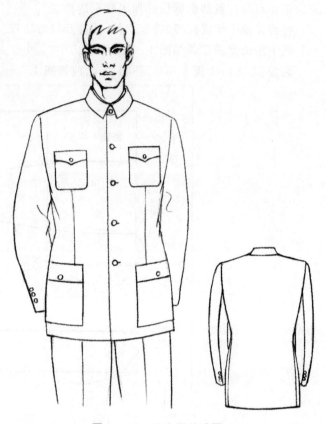

图4-112 中山服款式图

表4-27 中山服成品规格表　　　　　　单位:cm

部位	衣长	胸围	腰围	臀围	腰节	总肩宽	袖长	袖口	领大
尺寸	75	108	94	110	43.5	45.5	60	15.5	45

胸围加放20cm、腰围加放20cm、臀围加放20cm、袖长为全臂长加放4.5cm。

(2)中山服制图步骤

中山服前后片基础结构线如图4-113所示。

(下列序号为制图中的步骤顺序)

①以后衣长尺寸画上下平行线。

②以B/2+1.5cm(省)画上平线。

③后腰节长为,衣长/2+6cm。

④腰节横线。

⑤袖窿深计算公式:1.5B/10+9cm或B/6+6.7cm。

⑥胸围线。

⑦后领宽计算公式:领大/5或0.8B/10+0.4cm。

⑧后领深:B/40-0.15cm。

⑨后落肩计算公式:B/20-1cm。

⑩前落肩计算公式:B/20-0.5cm。

⑪后背宽计算公式:1.5B/10+4.5cm。

⑫后背宽垂线。

⑬前胸宽计算公式:$1.5B/10+3.5cm$。

⑭前胸宽垂线。

⑮撇胸 $1.5cm$,计算公式:$B/20-3.9cm$。

⑯前领宽同后领宽。

⑰前领口深为领大$/5+0.5cm$。

⑱前领窝弧线的基础线三等分。

⑲前止口线搭门宽 $2cm$。

⑳前下摆下翘 $1.5\sim2cm$。

㉑后背横宽线为袖窿深的 $1/2$。

㉒后冲肩为 $2cm$,定后肩端点。

㉓前后袖窿弧线的辅助线:$B/40+2.5cm$。

㉔后角平分线 $3.5cm$。

㉕前角平分线 $2.5cm$。

中山服前后片完成线如图 $4-114$ 所示。

①后中线为连折线。

②后领窝弧线画圆顺。

③连接后领深高点与后冲肩点,画后小肩斜线。

④以后小肩实际尺寸 $0.7cm$ 为前小肩尺寸,从前颈侧点向前落肩线相交,画好前小肩斜线。

⑤后袖窿弧线以后肩端点开始画弧线与背宽横线自然相切,后经角平分线至袖窿谷底,画自然圆顺。

⑥前袖窿弧线从前肩端点开始画弧线与前胸宽自然相切,过前角平分线至袖窿谷底,画自然圆顺。

⑦前领窝弧线按辅助线画圆顺。

⑧前止口线从撇胸处自然画顺止下摆。

⑨后片侧线从袖窿弧辅助线外出 $1cm$ 点过胸围线,自然在腰部收省 $2.5cm$,再从腰部收至下摆的背宽垂线位置。

⑩腋下片侧缝线,从袖窿弧辅助线处出 $1cm$ 点过胸围线时收省 $0.5cm$,自然在腰部收省 $1.5cm$,再从腰部自然画至下摆,放量 $2cm$,此线要自然圆顺。

⑪前片下摆从止口自然画顺至侧缝起翘点。

⑫后片下摆从侧缝起翘点画顺。

⑬下扣位计算公式:衣长$/4+5cm$ 或衣长$/3-1cm$。

⑭大口袋宽计算公式:$1.5B/10+0.5cm$。

⑮大口袋高计算公式:$1.5B/10+3.5cm$。

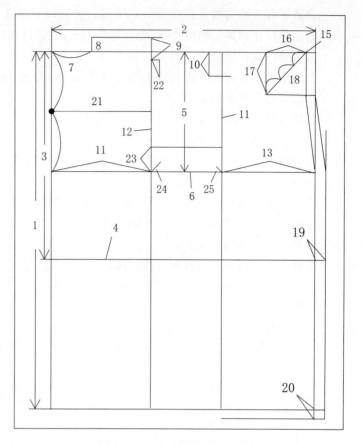

图 $4-113$　中山服基础结构线

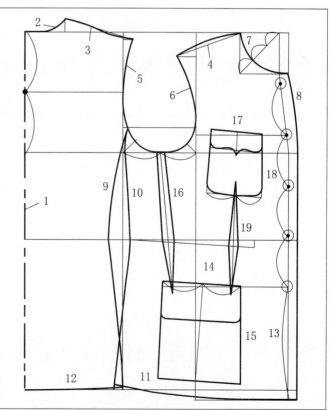

图 $4-114$　中山服结构前后片完成线

⑯腋下省上部为袖窿底宽的1/2,下部为后袋口端点进2cm,窿底处省宽1cm,腰省宽2cm。

⑰上袋口位和第二扣位平行,距前宽3.5cm,上袋口宽计算公式:B/10。

⑱上袋口高计算公式:B/10+2cm。

⑲前中腰省上部为上袋宽的1/2,下部为袋口端点进2cm,腰省宽1.5cm。

中山服领子结构制图(图4-115)。

①领弧线/2画底领长度,4等分画辅助线。

②底领宽3.5cm,上翘2.5cm。

③领弧线/2加0.3cm,画翻领长度均分4等分画辅助线。

④翻领宽4cm,上翘3cm。

⑤底领下口弧线画圆顺,前端口长1.5cm,底领嘴2.6cm。

⑥底领上口弧线由上领翘点自然画顺。

⑦翻领外口前端延长3cm。

⑧翻领上内口从起翘点画自然弧线。

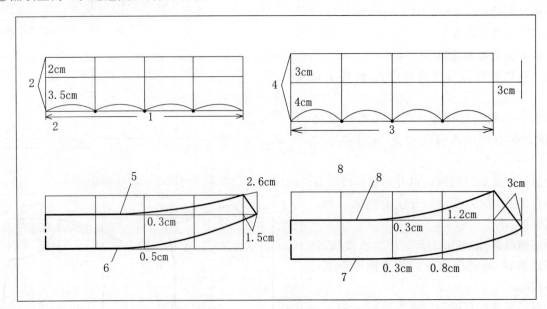

图4-115 中山服领子结构线制图

中山服袖子的基础线如图4-116所示。

中山服袖山高采用高袖山计算方法取得,袖山高与袖窿圆高相同。袖子具体制图方法参照西服制图方法,其结构基本一致。

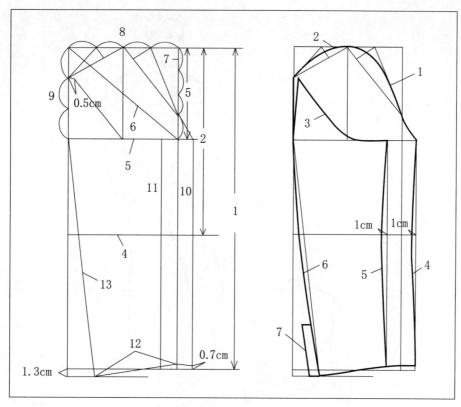

图 4-116　中山服袖子制图

(二)茄克的特点及衣身设计

1.茄克的特点

茄克的造型来源于二战时期的美军作战服和工作服,现在做为生活装款式变化很多,主要依据穿着的功能要求确立出不同造型。如以字母 O 确型接近工装类的休闲茄克舒适性较好,日常生活中穿着比较广泛,以字母 T 确型的茄克整体款式设计趋向简洁、适体,近年来被称为商务茄克,可在一般商政务活动中穿着。

2.衣身设计

(1)后衣长:茄克衣长一般都比较短,约占总体高的 35% 左右。

(2)胸围:净胸围加放量比较宽泛,一般春秋装以字母 O 确型,在净体基础上加放 20~30cm 左右。以字母 T 确型的较为适体的商务茄克,在净体基础上加放 16~20cm 左右。

(3)领型:以字母 O 确型的茄克领型都为封闭的立领和翻领,而以字母 T 确型的除立领和翻领外也可以选择西服领的造型。

(4)下摆:茄克下摆以字母 O 确型的都设计有收紧的下摆条,以 T 确型的应自然收下摆。

(三)男生活装茄克衫

1.款式效果图(图 4-117)

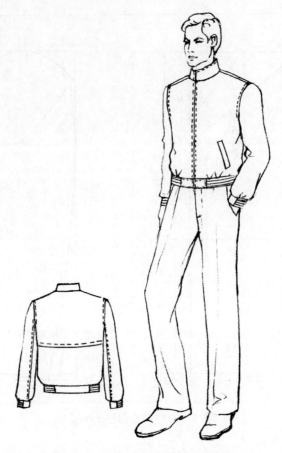

图 4 - 117　男生活装茄克衫款式图

2. 男生活装茄克成品规格，按国家号型 170/88A 制订，如表 4-28。

表 4 - 28　男生活装茄克成品规格表　　　　　　　　　　单位：cm

部位	衣长	胸围	总肩宽	领大	袖长	袖口	袖头宽	摆围
尺寸	70	130	55	45	60	23	5.5	101

胸围加放 20cm、袖长为全臂长加放 4.5cm。

3. 制图步骤

(1) 男茄克衫前后片基础结构线如图 4-118 所示。

(以下顺序号为制图步骤)

①以衣长尺寸画上下平线。

②B/2 尺寸画围度线。

③后领宽计算公式：N/5。

④后领深计算公式：B/40－0.2cm。

⑤后落肩计算公式：B/20－1.5cm。

⑥后袖窿深计算公式：2B/10＋6cm。

⑦B/4 确定后片胸围肥。

⑧后背宽计算公式：1.5B/10＋5.5cm。

⑨后背宽线的垂线。

⑩后冲肩量，由后背宽垂线冲出 1.5～2cm。

⑪后小肩斜线。

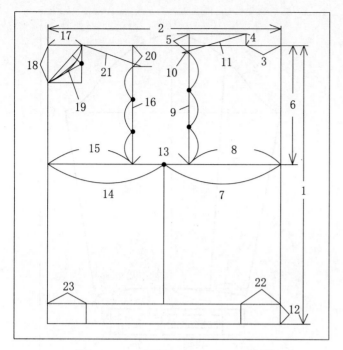

图 4-118　男茄克衫前、后片基础结构线　　　　图 4-119　男茄克衫前后片完成线

⑫下摆围宽 5cm。

⑬后角平分线 4cm、前角平分线 3.5cm。

⑭前胸围肥为 B/4。

⑮前胸宽计算公式：1.5B/10＋4.5cm。

⑯前胸宽垂线。

⑰前领宽为后领宽－0.3cm。

⑱前领深为前领宽＋0.5cm。

⑲前领窝弧线。

⑳前落肩计算公式：B/20－1cm。

㉑前小肩斜线为后小肩斜线－0.7cm。

㉒后下摆围 10cm。

㉓前下摆围 10cm。

（2）男茄克衫前后片完成线如图 4-119 所示。

①后中线为连折线。

②后领窝弧线。

③后袖窿弧线从后肩点画起与后胸宽垂线相切自然圆顺。

④后片破缝断开线。

⑤前袖窿弧线，从前肩点画起与前胸宽垂线相切自然圆顺。

⑥前斜插袋口位。

（3）男茄克衫袖子的基础线如图 4-120 左图所示。

①袖长减袖头宽画袖长线。

②袖山高计算公式 AH/2×0.5，袖山高对应角 30°。

③袖肥线。

④前 AH 从袖山高点交向袖肥确定前袖肥，前袖肥的 1/2 做垂线交于前袖山斜线，做辅助线，通过辅助线画袖山弧线。

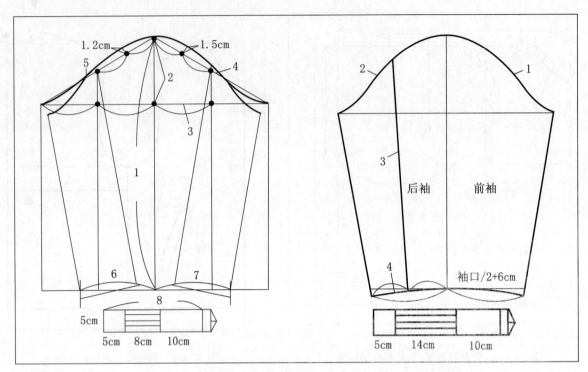

图 4－120　男茄克衫袖子的基础线(左图)和袖子完成线(右图)

⑤后 AH 从袖山高点交向袖肥确定后袖肥,后袖肥的 1/2 做垂线交于后袖山斜线,做辅助线。

⑥、⑦袖口的 1/2＋6cm,通过 1/4 袖肥辅助线收袖口。

⑧袖头实际长度 23cm、高 5cm。

(4)男茄克衫袖子的完成线如图 4－120 右图所示。

①按辅助线画前袖山弧线。

②按辅助线画后袖山弧线。

③袖子的纵向分割线。

④袖头前部 10cm,橡皮筋部分 14cm,后部 5cm。

(5)领子基础线如图 4－121 左图所示。

①1/2 领窝弧线长三等分。

②总领宽尺寸。

③前领翘 2cm,画领下口线与前领宽线作垂线。

④领下口线。

⑤前领宽线。

⑥领上口线同样垂直于前领宽线。

(6)领子完成线如图 4－121 右图所示。

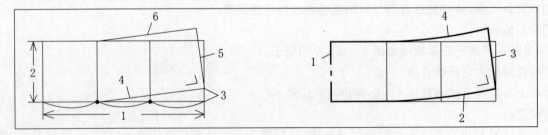

图 4－121　领子基础线(左图)和完成线(右图)

①后领宽中线 9cm。

②1/2 领窝弧线画圆顺。

③前领宽线 9cm。

④1/2 领上口弧线,画圆顺。

(四)男商务茄克衫

1.款式效果图(图 4 - 122)

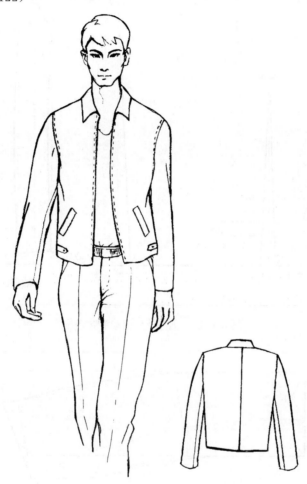

图 4 - 122 男商务茄克衫款式图

2.成品规格,按国家号型 170/88A 制订,如表 4 - 29。

表 4 - 29 男商务茄克衫成品规格表
单位:cm

部位	衣长	胸围	总肩宽	领大	袖长	袖口
尺寸	65	113	55	50	58.5	15.5

胸围加放 25cm、袖长为全臂长加放 4.5cm。

3.男商务茄克衫制图步骤

衣身结构参照男生活装茄克衫、袖子结构参照西服两片袖方法。领子结构为翻领结构(具体细节如图 4 - 123、图 4 - 124 所示)。

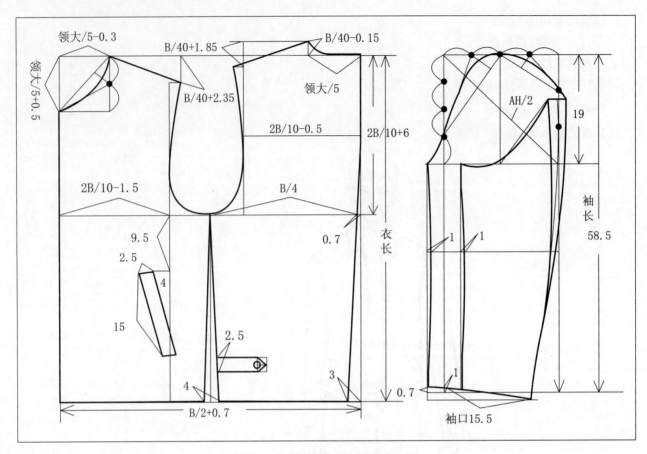

图 4 - 123　男商务茄克衫制图方法

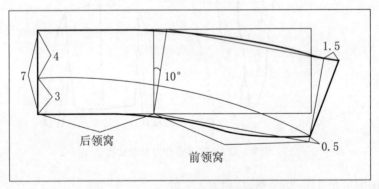

图 4 - 124　男商务茄克衫翻领制图方法

(五)男插肩袖茄克衫

1.男插肩袖茄克衫效果图(图 4 - 125)

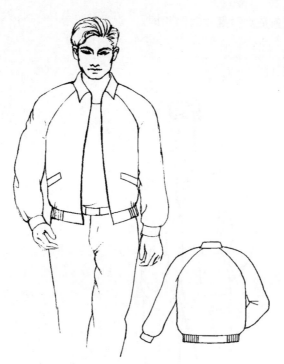

图 4－125　男插肩袖茄克衫

2.成品规格,按国家号型 170/88A 制订,如表 4－30 所示。

表 4－30　男插肩袖茄克衫成品规格表

单位:cm

部位	衣长	胸围	总肩宽	领大	袖长	袖口	袖头宽	摆宽
尺寸	65	118	55	50	60	25	5	5

3.男插肩袖茄克衫制图步骤

(1)衣身结构方法参照插肩袖制图原理部分(本款具体细节如图 4－126 所示)。

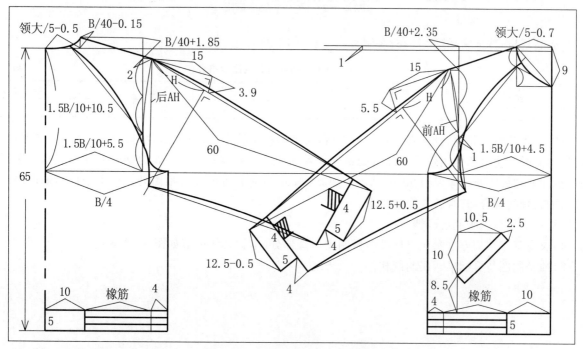

图 4－126　男插肩袖茄克衫制图

(2)翻领制图方法与男商务茄克衫翻领制图相同。

（六）男小立领休闲装

1.男小立领休闲服效果图(图4-127)

图4-127　男小立领休闲服

2.成品规格,按国家号型170/88A制订,如表4-31所示。

表4-31　男小立领休闲装成品规格表　　　　　　　　　　单位:cm

部位	衣长	胸围	腰围	臀围	背长	总肩宽	袖长	袖口	领大(衬衫)
尺寸	74	108	92	104	44	42	60	15	40

该版型为前身无驳领,设计有小立领的造型,前腰部松量较多,后身上部育克部分中缝加一褶裥,增加活动量的同时产生自然休闲效果。肚省隐藏在大贴袋里面。在净胸围88cm的基础上加放20cm,净腰围74cm基础上加放18cm,净臀围90cm基础上加放14cm,后肩胛省设在后袖窿处。袖山采用高袖山的结构形式与袖窿理想配合,符合款式设计要求。

3.男小立领休闲服制图步骤

(1)衣身基本结构方法参照男标准西服制图原理部分(本款具体细节如图4-128所示)。

(2)袖子制图与男标准西服制图相同。

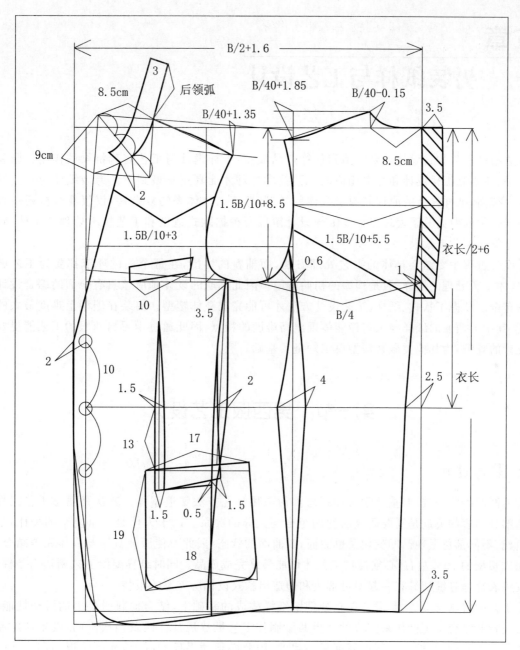

图 4－128　男小立领休闲服制图

第五章

男装纸样与工艺设计

服装造型过程从款式设计效果图始到最终产品成型,纸样设计与工艺起着桥梁的作用。服装要取得立体的效果,还要靠纸样设计和与之相应的工艺技术处理才能真正塑型到位。男装纸样与工艺设计之间的配合要求很高,纸样设计的原理来源于人体的体型,鉴于人体体表的复杂性,仅仅靠纸样还很难将体表的各个不同部位的曲面关系表现出来。纸样设计阶段要根据款式造型和工艺技术处理的条件,同步进行综合设计才能达到预期效果。

纸样设计过程中要结合具体的工艺处理方法、面辅料的性能,在每个关键环节都要为工艺创造好条件,没有具体工艺处理的纸样,只是塑型的初始阶段。因此称职的设计师应该具有全面的综合设计知识和能力。只有全面掌握了款式、纸样、工艺设计方法才可能完成立体塑型。男装在塑型上难度最大的是正装类的服装,其中男西服的纸样与工艺最能体现出高难度的特点,因此通过学习男西服的工艺能更好地加强对纸样设计的理解,为其他类服装塑型奠定好坚实基础。

第一节 男西服工艺设计

一、工艺设计

结合男西服纸样构成,要重点学习和理解如何采用工艺方法塑造型体。其次是熟悉工艺流程的设置方法。这部分内容的关键是需要研究衣片的组合与人体的关系。由于人体是一个复杂的型体,是由多个曲面体组成,不同部位呈现凸凹变化及单曲面、双曲面的状态,因此要使服装真正与人体完美结合,纸样设计只是完成塑型的 70% 左右,必须通过工艺才可能最终完成成品。同时纸样要给工艺制造出条件,缝制并不是仅仅将衣片通过缝纫缝在一起便可解决和塑造出款式设计所需要的服装。

制作工艺的缝制与熨烫,是需要在充分理解纸样构成的基础上,结合面料受外力的可塑性能,采用相应的机械设备并结合手工操作来完成的。男西服制作工艺虽然视其款式及档次不同,设备加工流程的配备与设置是不甚相同的,但工艺制作原理是一致的,因此必须动手反复练习,才能认识和理解其中的缝制塑型方法。

男西服造型是在男人体的基础上,重新塑造出一个更加理想的型体,制作时不同部位要采用特定的缝制方法进行,另外通过熨烫工艺中的推、归、拔、烫手段,在人体曲面关键部位,利用面料受外力作用的变形原理来达到塑型的最终目的。

二、男西服的工艺流程（图 5-1）

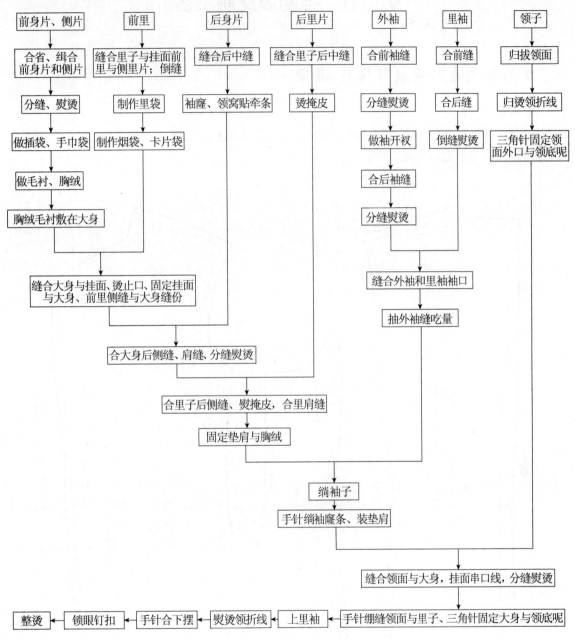

图 5-1　西服缝制流程图

第二节　男西服缝制工艺

一、男西服毛板的绘制与排料、裁剪

(一)毛板的绘制

1.毛板制订,在纸样裁剪图净板的基础上根据工艺要求加出所需的缝份和折边、贴边。

(1)男西服前衣身面主料毛板图(图5-2)。

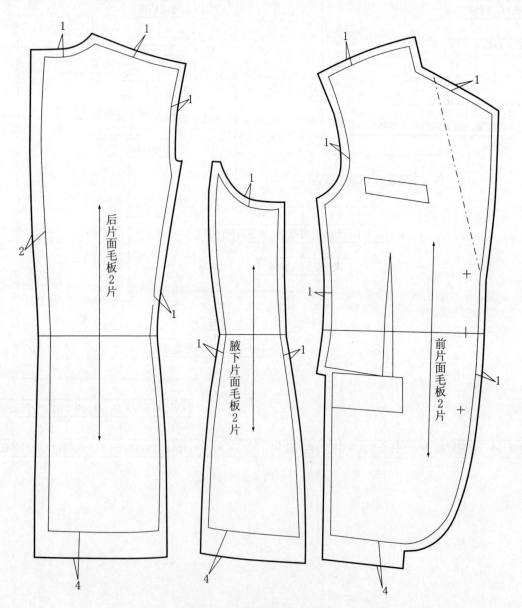

图5-2　男西服面主料毛板图

(2)男西服过面、领、袖等面主料毛板图(图5-3)。

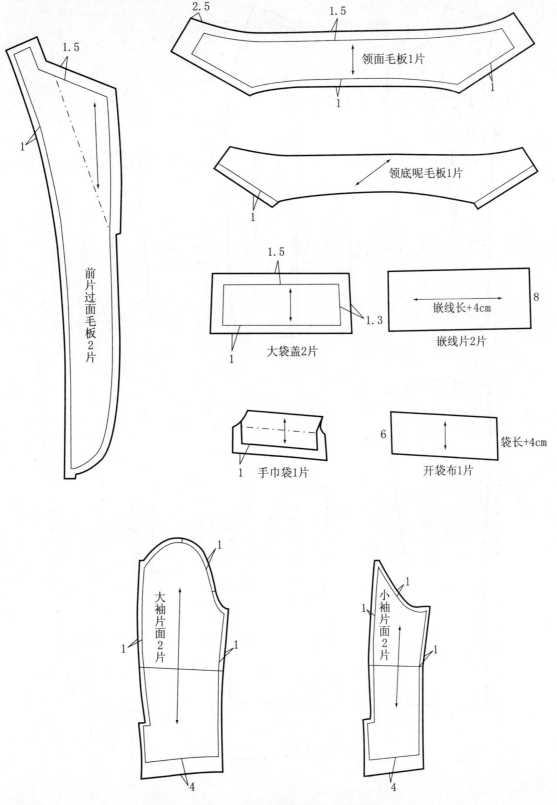

图5-3 男西服领、袖等面主料毛板图

（3）男西服里子主料毛板图（图5-4）。

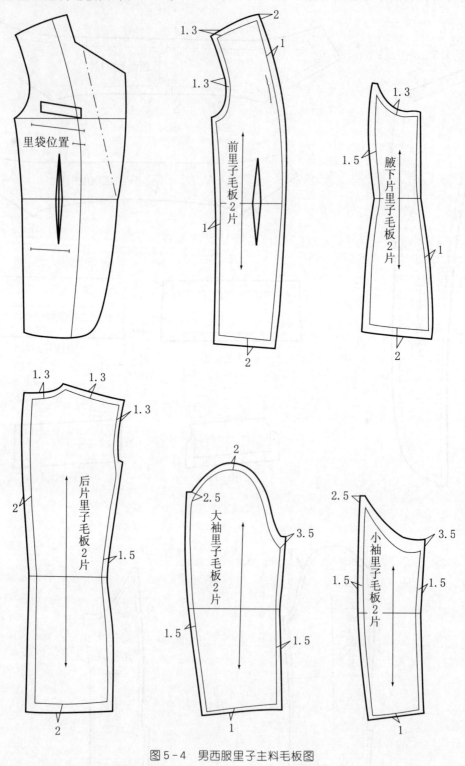

图5-4 男西服里子主料毛板图

（4）辅助材料的样板。

①胸衬毛板图（图5-5），工艺不同胸衬处理方法会有多种。

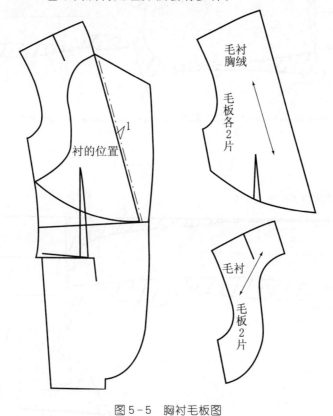

衬的位置

毛衬
胸绒

毛板各2片

毛衬

毛板2片

图5-5　胸衬毛板图

② 有纺粘合衬毛板，包括有前衣片、过面、领面、腋下片上部、袖开衩、嵌线条等。可参照面毛板四周去掉0.5cm。

（二）排料

1.男西服主面料排料图（图5-6）。

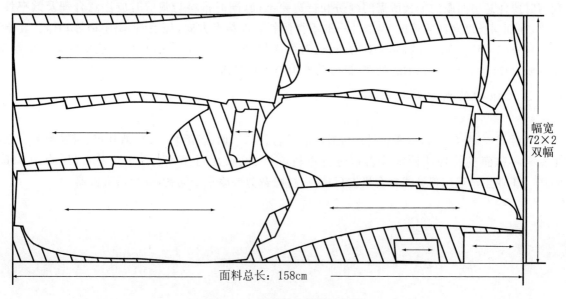

幅宽
72×2
双幅

面料总长：158cm

图5-6　男西服主面料排料图

2.男西服里料排料图(图5-7)。

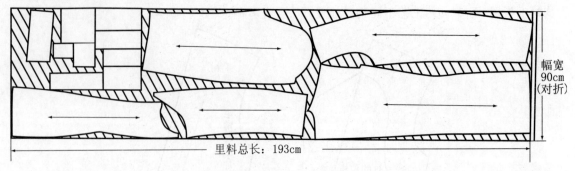

里料总长:193cm

幅宽
90cm
(对折)

图5-7　男西服里料排料图

3.男西服有纺粘合衬排料图(图5-8)。

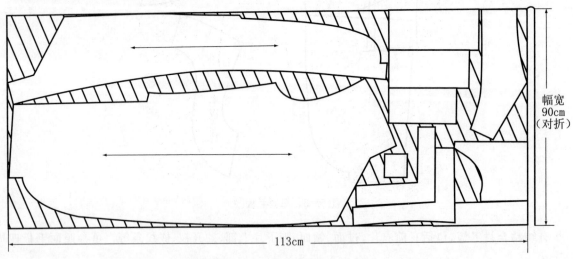

113cm

幅宽
90cm
(对折)

图5-8　男西服有纺粘合衬排料图

(三)裁剪

裁剪时要注意男西服的毛板所需的缝份和折边要准确,同时排料与裁剪时应注意合理及效率性。纱向要顺直,在面料长度允许的情况下,衣片一般不得倾斜。面料有方向(如毛向、阴阳格等)时,一套服装的所有衣片要方向一致。条格面料要注意对条格,对称部位要左右一致,后身后中部位要保证一个整花型,大身摆缝要对格,大、小袖片在袖缝处要对格,前袖山与大身对格。

(四)男西服的缝制步骤与方法

1.粘衬

主要压衬部位(图5-9),主要粘衬部位有前衣片、过面、领面、腋下片上部、袖开衩、嵌线条等。粘衬温度可根据衬料和面料的特性设定采用粘合机压衬,一般毛料压衬温度为120℃左右,压力为196.4～294.6kPa。工业生产运用连续式粘合机进行粘衬,衬料裁剪要略小于面料,以免污染机器。

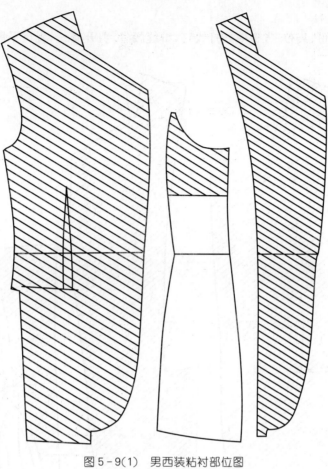

图5-9(1) 男西装粘衬部位图

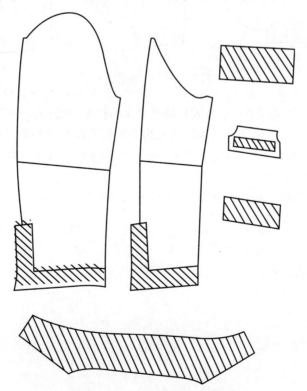

图5-9(2) 男西装粘衬示意图

2.缝制前片(图5-10)

(1)在主要衣片的缝份、袋位、省道等处打线钉,缉缝腰省,剪开省份,熨烫平服,省尖要烫平压倒,如图5-10(1)。

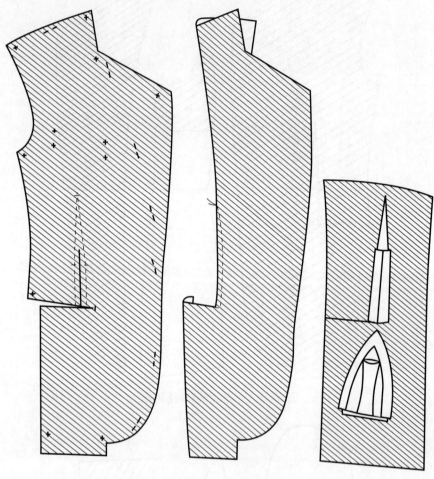

图5-10(1)　缝制前片

(2)前片与腋下片缝合,劈缝烫平。袖窿处粘斜丝牵条略拉紧,如图5-10(2)。

(3)推、归、拔、烫前衣片,结合纸样设计条件通过热塑定型手段使胸部隆起,腰部拨开吸进产生自然曲面效果,塑造出臀腹部位体积感。驳头和袖窿处归、拔都要围绕上体胸部的造型需要进行处理,在熨烫中同时调整好经纬纱的丝缕方向,如图5-10(3)。

(4)制作手巾袋,烫袋板,接袋布,上嵌线接袋布在袋位处缉缝。注意挖手巾袋时剪开宽度在1.5cm左右,剪开上三角时注意不要剪断边线,如图5-10(4)。

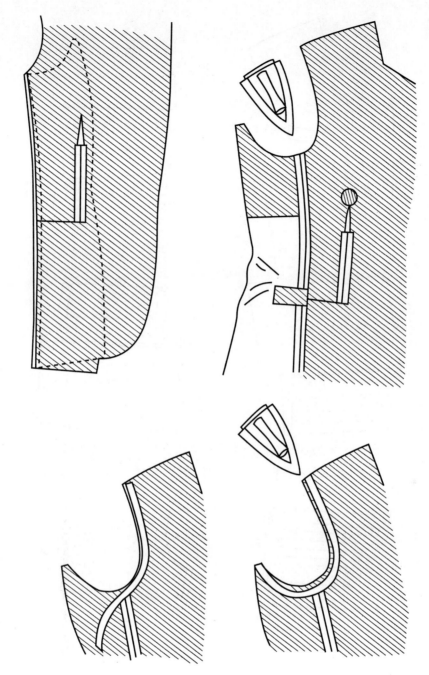

图 5 - 10(2)　缝制前片

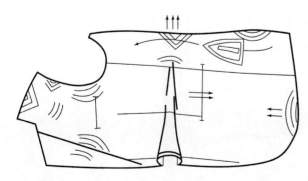

图 5 - 10(3)　缝制前片

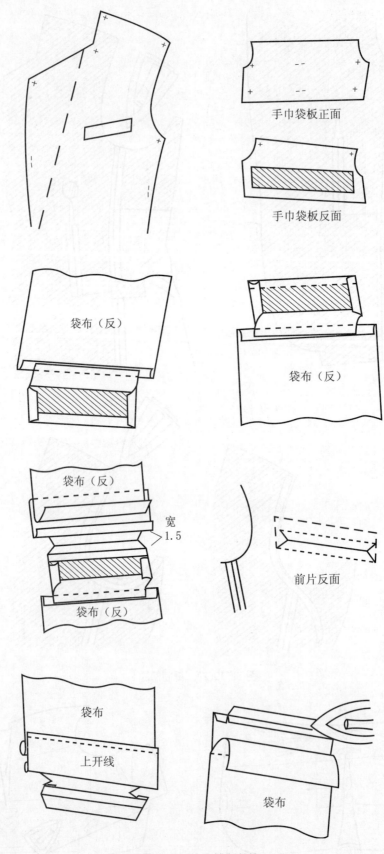

手巾袋板正面

手巾袋板反面

袋布（反）

袋布（反）

袋布（反）

宽
1.5

袋布（反）

前片反面

袋布

上开线

袋布

图 5 - 10(4)　缝制前片

（5）袋板缝份及嵌线缝份劈缝烫平，上嵌线压明线0.1cm，三角插入袋板缝内，袋布烫平后封袋布，袋板正面两侧缉缝明线或暗缲，如图5－10（5）。

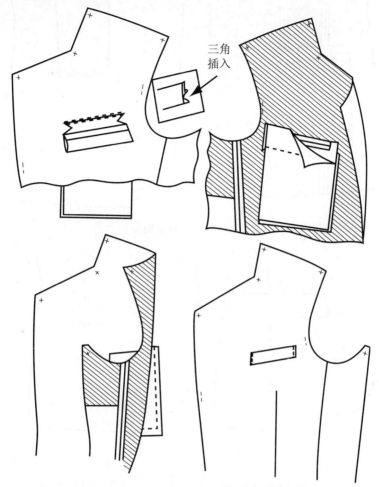

图5－10（5）　缝制前片

（6）大口袋制作，缉缝大袋盖，在车缝时袋盖要求里子紧些，面稍松熨烫嵌线，如图5－10（6）。

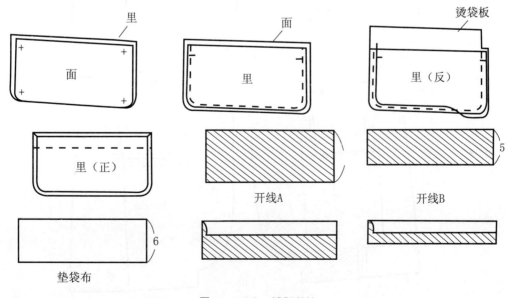

图5－10（6）　缝制前片

(7)在袋位反面位置先固定敷好大袋布,衣片正面画好大袋嵌线位置,如图5-10(7)。

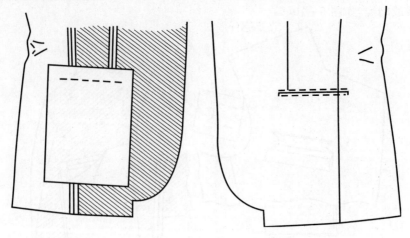

图5-10(7)　缝制前片

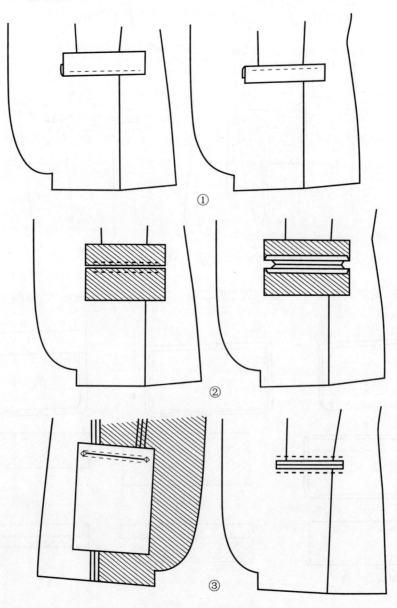

①

②

③

图5-10(8)　缝制前片

（8）在衣片正面袋位处缉缝嵌线片，可采用两种方法，一种是折烫好的嵌线在袋口处分上下片缉缝，嵌线牙子宽 0.3～0.5cm，如图 5－10(8－①)。另一种方法是嵌线片，直接在袋口处分上下片平缉线，嵌线牙子宽 0.3～0.5cm，如图 5－10(8－②)。在袋位处剪开并打三角口折进嵌线片，固定好嵌线袋牙子熨烫平整，如图 5－10（8－③)。固定袋布，将制作好的袋盖插入袋口位置，垫袋布与袋布缝好后与上嵌线、袋盖共同缉缝在一起，如图 5－10（9)。

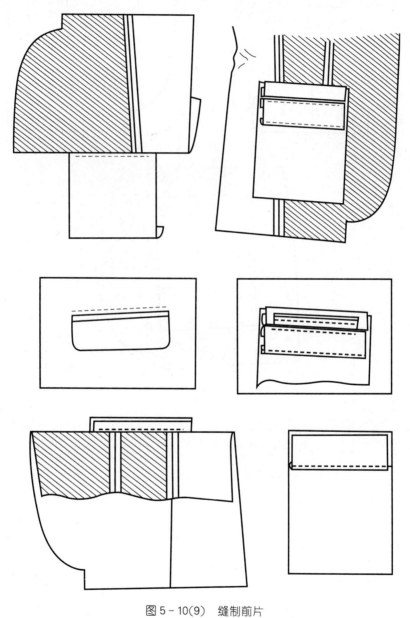

图 5－10(9)　缝制前片

（10）缉缝固定三角，缝合袋布后烫平，如图 5－10（10)。

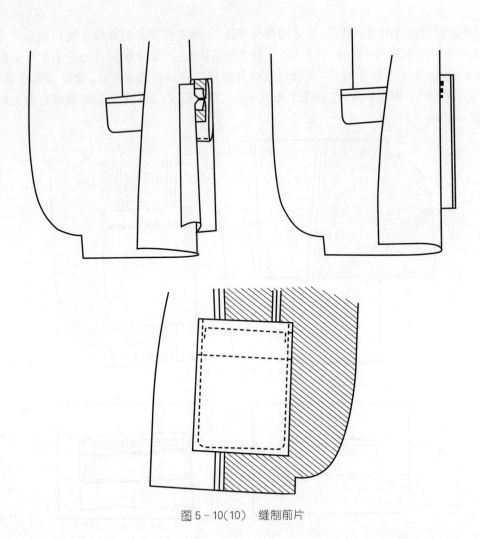

图 5 - 10 (10)　缝制前片

(11)采用折烫好的嵌线制作口袋的方法与前一种略有不同,如图 5 - 10 (11)。

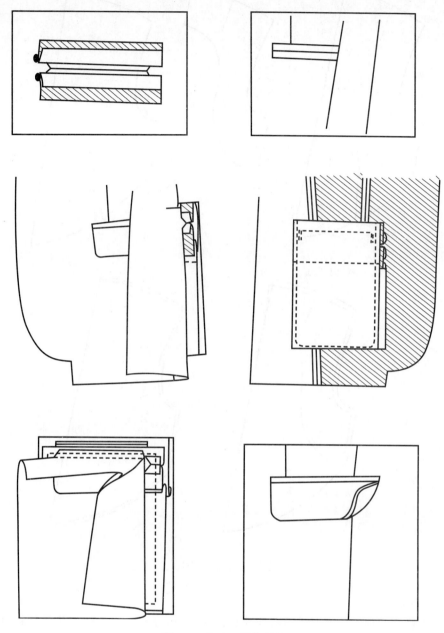

图 5 - 10(11)　缝制前片

3.制作胸衬(图 5 - 11)

(1)将胸部毛衬上的胸省与胸绒剔掉,缉合省道,将肩部加强衬缉压在胸部毛衬上。

(2)剪开肩省,劈开缉缝后,将胸绒粘合在胸部毛衬上,用熨斗归烫好胸凸量,并将肩省转至袖窿。

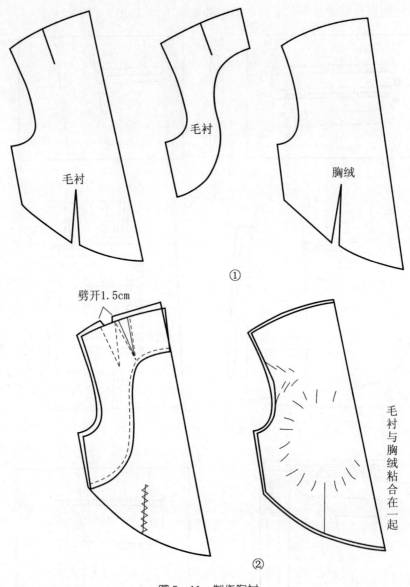

图5-11 制作胸衬

4. 敷衬（图5-12）

（1）将制作好的胸衬与前衣片胸部反面对齐,距驳口线1cm左右。衣片胸部凸势与胸衬凸势应完全贴合一致,然后在前衣片正面用手针攥缝敷衬。攥缝时注意衣片与胸衬要尽量吻合,针距一致,平顺。

（2）在胸衬与驳口处粘一直丝牵条,1/2粘压在胸衬上,粘牵条时中间部位一定要在拉紧的同时粘合,粘合后在牵条上用三角针固定。沿串口及驳领止口、底摆处同时贴牵条。

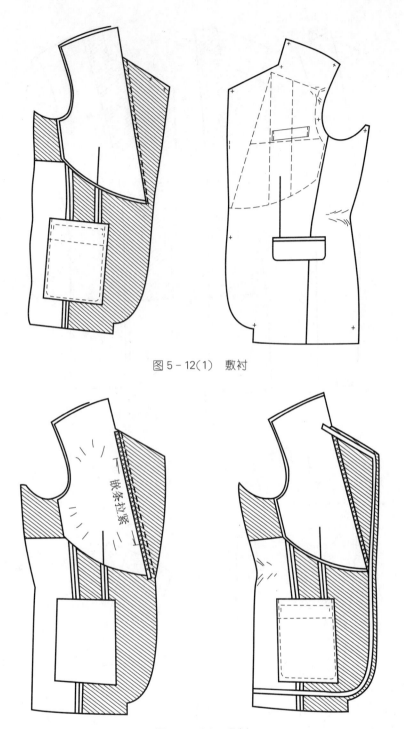

图5-12(1)　敷衬

图5-12(2)　敷衬

5.制作前衣片里子及口袋(图5-13)

(1)缉缝前片里子腰省,缉缝前片里子与挂面,缝到下端要预留7cm左右,不要缝到底。缝腋下片,坐倒缝烫平。

(2)制作里袋,包括大横开袋,笔袋、烟袋。在口袋开口位置各粘一片无纺粘合衬,然后敷上口袋布。

(3)采用双嵌线方法制作这三个口袋,上部右横开袋要制作一个三角形袋盖。

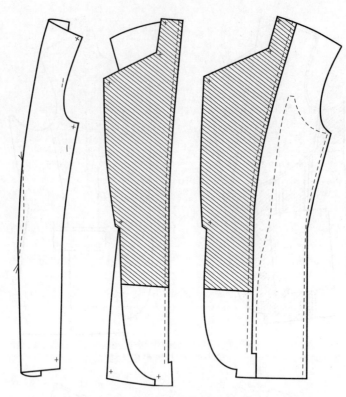

图 5 - 13(1)　制作前衣片里子及口袋

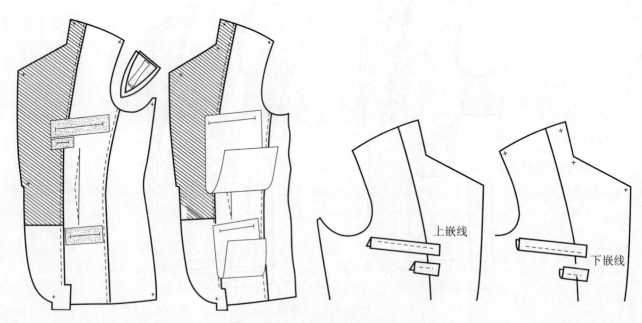

图 5 - 13(2)　制作前衣片里子及口袋

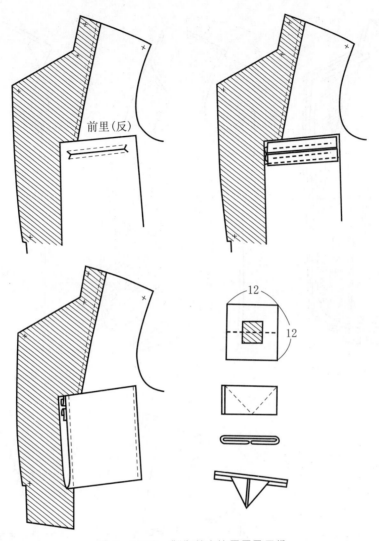

图 5 - 13(3)　制作前衣片里子及口袋

6.敷缝挂面(图 5 - 14)

(1)将缝制好的前衣衣片与前身里衣片正面对合整齐,前身里子、领口、驳领止口处吐出预留的翻折松量 0.5cm。

(2)将驳领自然翻折,止口对齐,用手针沿驳嘴至驳领止口直到下摆弧线挂面处缝合好,再用机缝顺缝迹线缉缝一遍。

(3)将衣片放平,在驳嘴处打一剪口,用熨斗顺此开始,将前身面止口缝份分缝折扣烫平腰节以下至下摆弧止口过面缝份分缝扣烫平。

(4)在前身面驳领用剪刀从驳嘴开始顺止口处至腰节别掉缝份 0.7cm,注意与此相反腰节以下至下摆弧止口剔过面缝份 0.7cm部分,熨烫平整。

(5)翻挂面经整烫后,在驳领止口处用手针撩缝暂固定止口,使之不要倒吐。

(6)折倒驳口线,手针撬缝驳口线,使之固定;在止口底摆处从正面用手针撬缝固定。

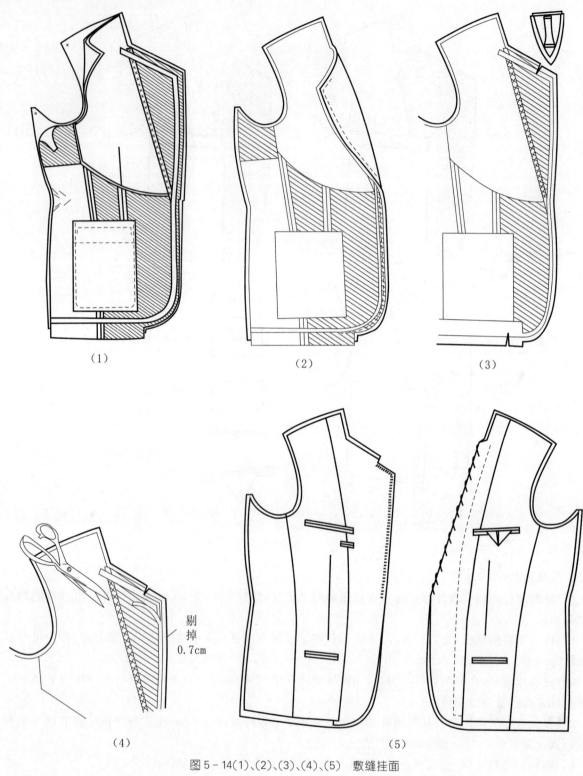

（1）　　　　　　　　　　（2）　　　　　　　　　　（3）

剔
掉
0.7cm

（4）　　　　　　　　　　　　（5）

图5－14(1)、(2)、(3)、(4)、(5)　敷缝挂面

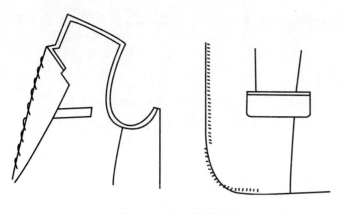

图5-14(6)　敷缝挂面

7.固定里子、装垫肩(图5-15)

(1)将前衣片里子掀起,用手针攥缝固定里子与面,包括挂面的缝份及里袋、胸衬等部位,使之固定在合适的位置。

(2)将垫肩中线放置肩缝处,用手针将垫肩的一半与胸衬肩头部分缝合固定。垫肩也可最后装配。

8.缝制后片(图5-16)

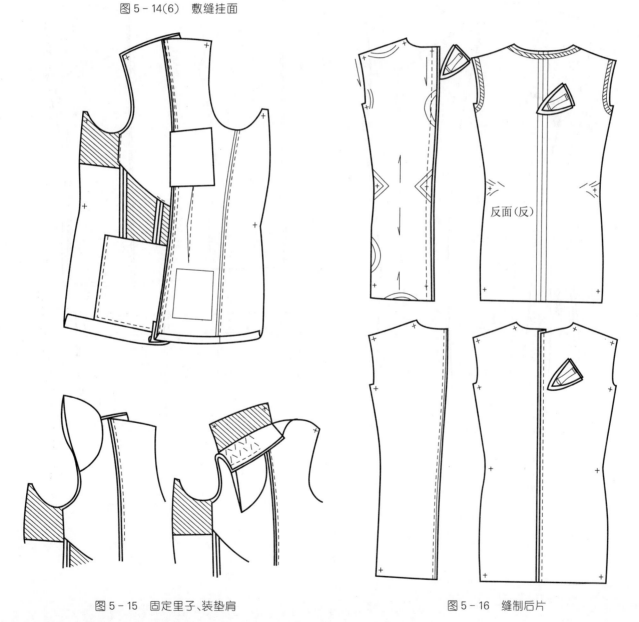

图5-15　固定里子、装垫肩

图5-16　缝制后片

(1)合面背缝及归拔:缉缝后背中缝,采用蒸汽熨斗归烫后背上部外弧量,拔出腰节部位的内弧量,袖窿稍归拢,侧缝胯部稍归拢,腰部充分拔开,使之塑出人体后背立体状态。后背缝劈开烫平,在袖窿及领口处粘斜丝牵条。

(2)合里背缝:将两里子背中线对齐,按 1cm 缝份绲缝,注意缝时上下片松紧一致,绲平服,倒缝,用熨斗烫出后背缝掩皮松量。

9.合摆缝、肩缝(图5-17)

(1)将前后面片侧摆缝对齐,按缝迹线车缝,劈缝烫平,图5-17(1)。

(2)将里子前后片侧摆缝对齐,按缝迹线车缝,向后倒缝,熨烫出侧缝掩皮 0.5cm,图5-17(2)。

(3)将前后衣片放平,下摆里、面折边烫平,手针固定好里子下摆折量,手针暗缲里子摆边,图5-17(3)。

(4)衣片放平,手针撩缝前后衣片,使里、面平顺,松紧合适,图5-17(4)。

(5)绲缝肩缝,后片小肩自然吃进 0.7cm 劈开归烫,手针固定胸衬肩缝于衣片,肩缝烫平,图5-17(5)。

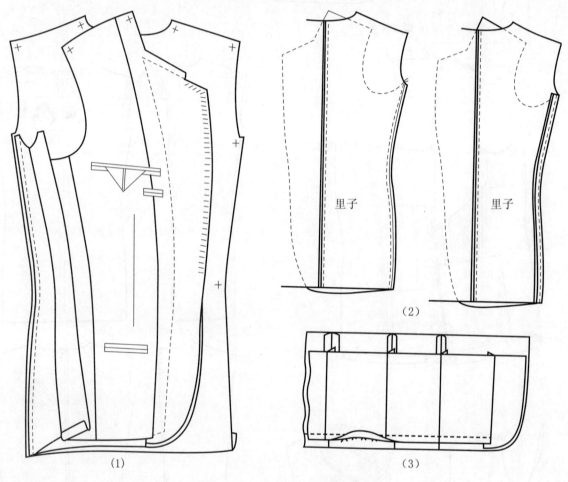

(1)　　　　　　　　(2)

里子　　　里子

(3)

图5-17(1)、(2)、(3)　合摆缝、肩缝

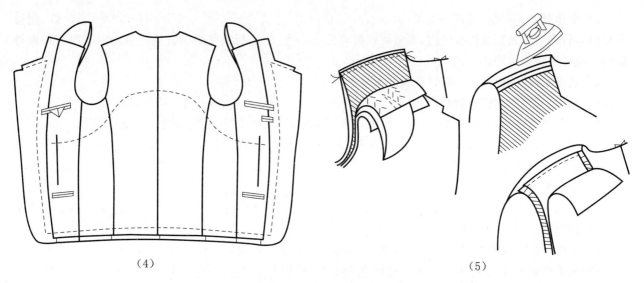

（4）

（5）

图 5-17（4）、（5） 合摆缝、肩缝

（1）

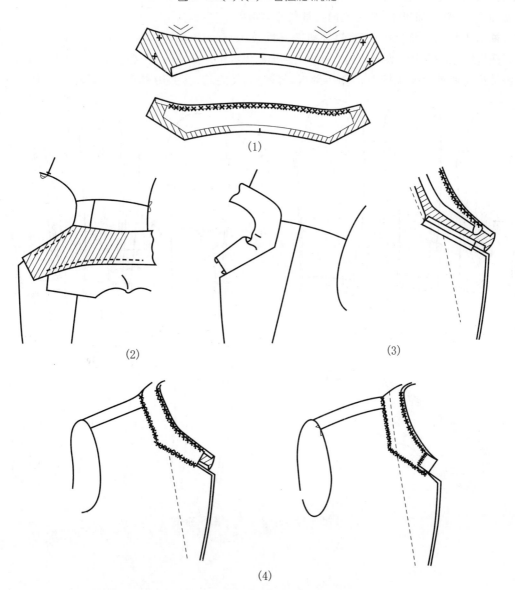

（2）

（3）

（4）

图 5-18（1）、（2）、（3）、（4） 制作领子、绱领子

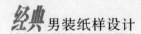

10.制作领子、缂领子(图5-18)

(1)制作领子,领面按折线烫弯,顺势将领外口拨开一些,使翻折松量更为合适。领底呢上口与领面外口用三角针缝合整烫好。

(2)缂领子,将领面下口与串口线及后领口缝合。

(3)在串口处打一剪口,分缝烫平。

(4)领底呢盖住串口、领口缝份,三角针缝固在衣身上,注意要平服、松紧合适。

(5)熨烫定型,将驳领与领子按驳口线、领折线自然翻折于衣身上后用熨斗整烫,使之自然帖服于前身与肩部,注意驳头下部不要烫死,要有自然弯折曲度。

11.制作袖子(图5-19)

(1)首先用熨斗将大袖片前袖缝内弧线充分拨开,使大袖前袖缝翻折后自然产生弯曲度。然后将大小袖片的前袖缝对齐,按缝迹线缉缝,劈缝烫平,如图5-19(1)。

(2)缉缝后袖缝及袖开衩、袖缝劈开,袖开衩倒向大袖,袖口折边,翻折后熨烫平服,如图5-19(2)。

(3)用手拱针收袖山弧线吃量或用斜丝布条收拢,拱针针码要小、紧密、均匀,并在袖山缝迹线以外0.3cm左右,然后在专用圆形烫具上用蒸汽熨斗将袖山头烫圆顺定型,如图5-19(3)。

(4)做袖里子,缝合袖里子,缝份倒向大袖烫平,如图5-19(4)。

(5)将袖里子与袖面套合在一起,缝合袖口一圈,如图5-19(5)。

(6)将袖折边翻折好,用三角针固定。袖里与袖面两侧缝手针攥好,上、下各预留1cm不缝,如图5-19(6)。

(7)将袖里子的袖山弧线按1cm缝份翻折,打剪口,使之均匀,并用熨斗烫好,如图5-19(7)。

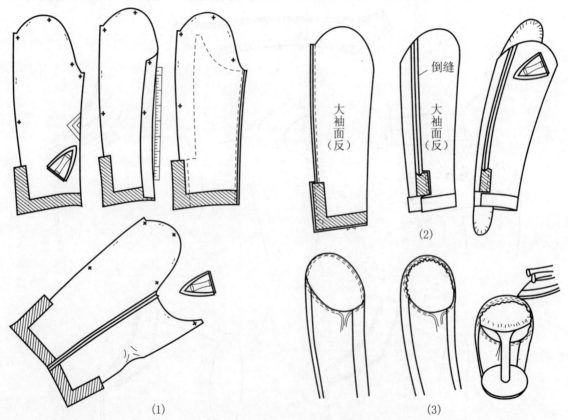

图5-19(1)、(2)、(3)　制作袖子

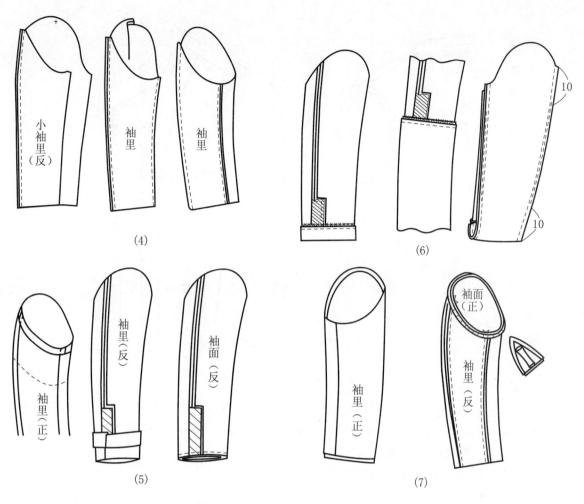

图 5 - 19(4)、(5)、(6)、(7)　制作袖子

12.绱袖子(图 5 - 20)

(1)袖窿用倒勾针固定好,先绱左袖,从袖下对位点开始依次先用手针绷缝,调整好袖子后机缝,要以直取圆的操作方法缝合袖山头部分,袖窿后弯处要随衣身自然弯势缝合。

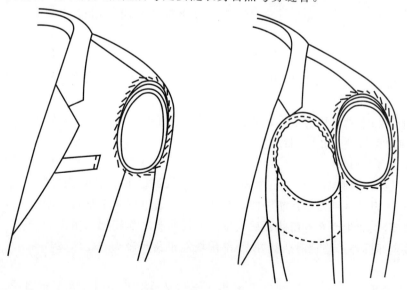

图 5 - 20(1)　绱袖子

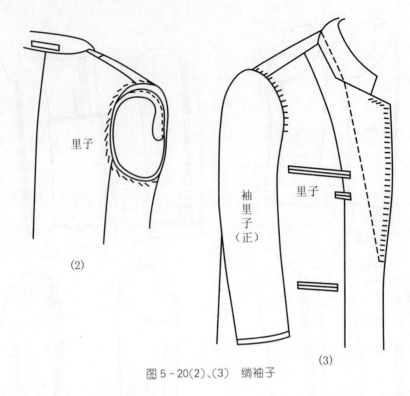

图 5-20(2)、(3)　绱袖子

（2）将手针绷线拆掉，在绱袖缝上用熨斗尖将缝份从里面烫平压死。如果是劈缝的袖型，要在袖山前、后端打剪口进行劈烫，然后将袖窿斜垫牵条缝合在袖山缝处。将衣身翻转到里面，在袖窿处将袖窿里、面、衬、垫肩四合一倒勾针攥缝，使之自然吻合服帖。

（3）袖里子与袖窿手针暗撬，缝合自然平服。

13. 锁钉（图 5-21）

（1）锁眼。无论三眼或两眼西服的眼位在门襟止口进 2cm 的中心线，眼位按照线止口方向移出 0.3cm。纽眼大小一般为 2.3～2.5cm。插花眼，插花眼是西服驳头的装饰眼。插花眼一般应在驳头的左面，离上 3.5cm 进出约 1.5cm，眼大约 1.8～2cm。插花眼工艺一般可有三种方法：

①锁眼机锁眼。这种方法是纽眼不剪开，纯装饰之用。多用专用设备缝纫而成。

②打线襻方法。

③用手工锁眼方法。纽眼上部按锁眼方法。锁牢驳头；下半部腾空锁纽，不带牢驳头。

（2）钉扣。西服钉扣常常采用有线脚的形式，线脚长短可根据面料的厚薄做调整。纽扣的高低、进出位置要与扣眼相符。

14. 整烫、检验、包装（图 5-22）

整烫工艺始终贯穿在西服制作工艺过程中。整烫工艺是包括了熨烫技巧（手势）、熨烫温度、熨斗压力及区别面料性能等的综合技能。在这里仅介绍整烫西服的手工工艺方法及步骤，工业生产有专门的熨烫设备。整烫西服之前先把西服上的攥纱线及其他辅助线全部拆掉。整烫前准备好干、湿两块烫布及布馒头、铁凳、烫板等工具。

（1）轧袖窿。将西服翻转反面，把袖底及无垫肩部位放在铁凳之上，盖湿布熨烫。注意不能轧烫出死褶。

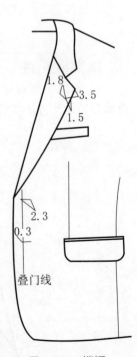

图 5-21　锁钉

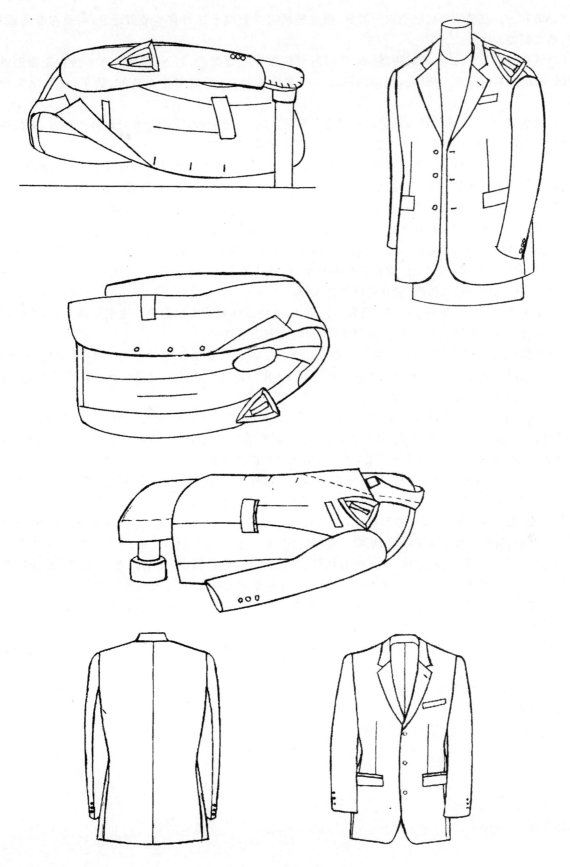

图 5 - 22　整烫、检验、包装

（2）烫袖子。在装袖之前已把袖子烫好,故在整烫时检查袖子是否有不平服之处,可放在专用烫具上盖布,喷水熨烫。

（3）烫肩缝肩头、袖山头及肩胛部位。将肩胛部位放在布馒头上,将干、湿两块水布放在上面熨烫,随后把湿布拿掉,再在干布上熨烫,把潮气烫干。烫袖山头处,一定要将袖山轧圆、烫平,使袖山头饱满、圆顺。

（4）烫胸部、前肩。烫胸部和前肩时要放在布馒头上,分部分熨烫,要注意大身丝绺的顺直,胸部饱满。使前肩头至领口平挺窝服,符合人体造型。要注意手巾袋贴合前胸。

（5）烫腰吸及袋口位。烫腰吸时把前身放在布馒头上,腰吸丝绺放平、推弹,按西服推门时的要求将腰烫平、烫挺。注意腰吸处一定不能起吊,直丝一定要向止口方向推弹。烫袋口部位时,要注意袋盖条格与大身相对称,注意袋口位的胖势。要放在布馒头上,同烫胸部一样一部分一部分熨烫。

（6）烫摆缝。烫摆缝时必须将摆缝放平、放直。注意摆缝平服。

（7）烫后背缝、开衩、背胛部。烫后背缝时,腰节处要略拔开一些,但在后背宽处侧面要略微归拢一些。烫后开衩时要注意开衩丝绺顺直,烫好开衩不搅不豁,自然平服。烫背胛部时,应把背胛部放在布馒头上整烫。要注意背胛部横、直丝绺,使背部更符合人体。

（8）烫底边。烫底边分两步:首先,烫底边的反面,要使反面底边夹里的坐势宽窄保持一致,然后,再将底边翻转正面,放在布馒头上,一段一段熨烫,熨烫后使底边里外匀。

（9）烫前身止口。将止口朝自己身体一侧放在烫台上。先烫挂面和领面一侧。烫止口时熨斗要用力向下压。干、湿布烫好之后,还要用烫板用力压止口,使止口薄、挺,烫止口时应注意止口不能倒露。然后翻转止口,用同样方法熨烫止口反面。

（10）烫驳头、领头。将驳头放在布馒头上,按驳头样板或驳口线线丁,翻转烫煞。在烫领子驳口线时,要注意领驳头线的转弯,要将领驳头线归拢,防止拉还而影响领子造型。驳头线正反两面都要烫煞、烫平。驳口线烫至驳头长的 2/3,留出 1/3 不要烫煞,以增加驳头的立体感。

（11）烫里。西服面子烫好之后,翻转反面,将前、后身夹里起皱的部位,用熨斗轻轻烫平。

（12）检验、包装。检验可按照以下步骤进行,检验结束后进行包装。

①领子、驳头,袖子。领驳头造型正确,左右对称。领子平服,串口顺直,条格一致。驳头外口松紧适度。划口大小、高低一致。袖子圆顺,吃势均匀,前后正确,不搅不涟。袖口平服,大小一致,左右对称。

②前身。前身肩部平挺、服帖,肩头略有翘势。胸部饱满,腰吸清晰,丝绺顺直,止口薄、挺、圆、直,两格长短一致。大袋高低、大小一致、对称,手巾袋与袋盖条格与大身相对,手巾袋无松口现象。

③后背。后背方登、平服,腰吸清晰,吸势不起涟。背缝顺直,条格对称。后领不紧不松。

④里子。夹里平服,松紧适度。不起皱,无折印,无极光、水花,无起吊,起涟现象。

⑤规格。成品规格正确。衣长、胸围、肩宽、袖长、下摆、袖口等各部位的尺寸,误差要在允许范围之内。

⑥线头。成品应是外观整洁美观。各部位都应把线头修净,西服正、反两面都应保持清洁。同时还应检查有无脱线、漏针。

⑦包装。经立体整烫、检验后的西服要采用西服衣架立体吊挂。

第六章

典型男装推板方法

第一节　服装推板基本概念

随着生产力和科技水平的提高,现代服装业制作方式较以往有了显著的改变,成衣化已在服装市场上占据了很大的比重,发达国家的成衣化率已在 90% 以上。成衣工业生产中,往往要求同一种款式的服装生产多规格的产品,并组织批量生产,以满足市场中不同穿着者的要求,这样就应在生产中按照国家技术标准规定的规格系列,打制出各个号型规格的全套裁剪样板。这种以中间标准板为基准,兼顾各个号型系列关系,进行科学的计算放码,打制出号型系列裁剪工艺样板的方法,称为推板。

推板的主要作用一是为了提高制板效率,二是保证各档样板具有准确的系列性和相似性。服装推板放码的过程实际上就是打板过程的归纳总结,并在此基础上大大提高了制板的效率,因此,熟练掌握服装推板技术是十分必要的。

第二节　服装样板推板原理与方法

一、推板的原理

服装推板的原理来自于数学中任意图形的相似变换,但却不完全等同于规则几何图形的扩缩比例关系。在样板推放时,我们既要用任意图形相似变换的原理来控制"版型",又要按合适的推档规格差数(即档差)来满足"数量"。因此"量"与"型"是推放的依据。

(一)"量"与"型"的关系

1."量"是数量,即服装规格国家标准。成衣工业化生产的制板规格,需要参照服装号型国家标准 GB/T 1335.1—1997(男子)来执行,是"量"的基础。服装号型规格是推档的依据,服装样板各控制部位的"量"也是以此为基础确定的。

2."型"是造型,其出发点是衣片结构,量与型的关系相辅相成,"量"在服装样板各部位的分布要符合款型需要、准确无误。"型"要满足"量","量"实质上是为"型"服务的,"型"又受到"量"的控制,推板时必须从"量"与"型"双向考虑,真正符合立体塑型的要求。

(二)推板原则

系列号型的样板推放,是按照服装结构的平面图形(裁剪样板)各个被分解开的局部板进行放大与缩小的。而每一块样板都因款式造型需要和特定的局部位置,形成各自的板块形(平面几何图形),有的图形比较复杂,有的图形比较简单,但都互为关联统一在一个整体的结构造型中。

1.服装整体结构中每个独立的样板块,有的是因款式造型需要断开的,有的是因人体结构的需要而分割开的或将两者有机结合。例如三开身结构,使样板分割形成不同板块,有时在一件衣服中因造型需要可能是由多块分割组成的,较为复杂,但最终都离不开人体,都与塑造人体密不可分。这是由服装结构设计的根本属性所决定的。

因此服装推板离不开人体体型,离不开人体体型的变化发展规律。总体版型是在标准型上确定的,放大与缩小就是建立在标准体的变化生长发展规律之上。可以说"量"与"型"的把握,离不开人体。所以推板首先要掌握和了解人体的变化规律和服装各控制部位标准数据的推算。

2.国家标准号型数据基本体现了人体的变化规律,给出了主要标准数据。从服装号型系列分档数值 5·4 系列标准人体,从 A 型体生长发展规律来看,人体总体高即"号"每增长或减少 5cm,上体基本增长或减少 2cm,下体基本增长或减少 3cm,全手臂长增长或减少 1.5cm,肩宽增长或减少 1.2cm,背长增长或减少 1cm,胸围增长或减少 4cm,腰围增长或减少 4cm,臀围增长或减少 3.2cm,领围增长或减少 1cm,这是主要的服装号型各系列分档数值。

3.服装样板上各个部位的局部分档差数。首先从整体样板出发,分出主要部位的档差比例关系,确保比例的正确完整性,再按局部与整体的关系确定细部的部位档差。细部档差的确定除按整体比例外,有的部位必须按照人体的自然生长规律和基础样板各控制部位的比例公式推算出来,例如前宽差、后宽差、领宽差、领深差、落肩省量差等。与结构有直接关系的各部位差一定要推算准确。

4.因款式需要分割的部位,大多可以参照样板的纵向、横向长度比例推算出各部位档差。合理部位档差数值的确定是推档的重要环节,这是因为每块样板的推放虽然参照了数学原理,但它决不是都能按同一比例扩缩的,样板的每个局部会隶属于不同人体各部位增长和减少的档差变化之中,这就要综合考虑"量"的变化,确保"型"的正确性。

二、推板的方法

(一)坐标基准点的应用方法

服装样板的放缩,是一个平面面积的增减。样板的整体形状可以看做是一个复杂的平面几何图形,所以控制面积的增长就必须在一定的二维坐标系之中。在中号样板上确定坐标原点及纵向 Y 轴,横向 X 轴做为基准公共线。由此运用分坐标关系进而形成分档斜线,逐次分档,它不能完全采用几何图形的数学比例放缩方法进行。坐标原点及纵、横轴向基准公共线的选择应符合以下几个原则:

1.坐标的选择必须与服装结构紧密结合起来,这样才能保证服装样板相关的平面图形放缩的合理性。在每块样板中,都要确定一个主坐标原点,确定互为垂直的 X、Y 坐标轴线,然后才可以在样板的各端点、定位点、辅助点设立分坐标基准点。分坐标的 X、Y 轴线与主坐标 X、Y 轴线要互为平行,手工制图时要用直角尺和三角板画准,不然会产生误差。

2.主坐标原点和基准公共线,应首先选择在样板中对服装结构与人体结构有重要关联的位置与部位。如上衣类横向 X 轴最好选择胸围线或腰节线,纵向 Y 轴应选在前、后宽线或前、后中线上较好。

例如:衬衫板的前片,主坐标的原点最好设置在胸围线与前中线的交点上,也可以设置在前胸宽线与胸围线的交点上。虽然主坐标的原点设置在样板的任何一点也都可以放缩,但应考虑设置在人体结构的变化较明晰的分档位置上,以利于各分坐标的计算方便,分档线的画制及御板的方便,因此主坐标的原点位置选择的准确是很重要的。

3.在同一样板上坐标轴原点基准公共线,一般应取两条互为垂直的坐标轴线,但有时也可只取一条,轴心点只有一个。但相互关联的复杂图线有时坐标轴原点基准公共线会同时选取两个(如插肩袖的放缩)。

4.坐标基准公共线,最好选择有利于各档放缩样板上的大曲率轮廓较小的弧线分档,方便各档曲率轮廓弧线分画准确。

(二)推档端点、定位点及辅助点

二维坐标系分坐标推档的各位置点应主要选择在样板服装各控制部位的重要和关键的位置上。如上衣类推档位置点主要有肩颈点、肩端点、前后领深点、前后中线点、前后胸围宽点、前后袖笼弧切点、前后袖笼弧角平分线处凹凸点、省位置点、省宽点、省尖点、装袖吻合点、衣片前后腰节位置点、袋位点、口袋长宽高点、衣长下摆止点、前止口点、扣位点等。

（三）部位差的确定

一般部位差的确定可以从平面裁剪的比例计算公式推导出来，线段长度、宽度比例则可按百分比计算出来，也可按人体比例及经验尺寸确定。

1. 无论是用立裁法还是原型法得到的标准样板，都可以参照平面比例法的公式设置来确定样板上的各结构部位的关系。公式设置不同部位差则不同，所以公式设置要符合人体及服装的结构关系。要符合服装各控制部位的变化规律，成衣样板各结构部位比例关系应严谨，跳档后要保证各部位比例符合号型的要求。

2. 部位差的确定除用上述方法外，很多部位同时也可以根据人体的自身变化规律，从线段长度、宽度、高度、角度，在总体上按数学比例计算求得。可依据省的位置、省的大小、口袋的位置、长、宽、高的尺寸，款式破断线、分割的关系等。

（四）终点差的确定

1. 服装样板的结构是相互关联的统一体，在推板的操作过程中，总体档差确定后，首先确定出结构的部位差，然后再依据两个部位差或几个部位差之间的关系，确定出终点差。

2. 例如：以坐标原点呈放射性的放缩，前宽部位差确定为 0.6cm，与之前宽有关联的领宽部位差单独计算出来后，就要按推档的基准位置，算出实际画线的终点差。由于前胸宽部位差 0.6cm，前领宽的部位是 0.2cm，那么就应在颈侧点的坐标横向 X 轴上向两边各放缩终点差量 0.4cm（0.6cm－0.2cm＝0.4cm）。这是由于在同一坐标系条件下同时还涉及肩宽差的问题。

3. 另外还有落肩部位差与袖窿深部位差之间的终点差的确定。其方法是如坐标原点在前宽与胸围线的交点上，袖窿深部位差是 0.7cm，落肩差单独计算为 0.1cm，肩端终点差量应为 0.6cm（0.7cm－0.1cm＝0.6cm），在同一坐标系条件下同时还涉及肩宽差的问题，这样就保证了各部位档差的相互关系。

4. 分档斜线

在样板的各推档位置点上，设置与主坐标互为平行关系的分坐标，在分坐标上纵向与横向放或缩的终点与其基准点可连接成一条斜线，各档差在斜线上可逐次划分成若干档，称为分档斜线。在推档时建立在各端点，定位点及辅助点上的分坐标都应画好分档斜线，在分档斜线上逐次划分档差，各档差点连接后就形成了新的图形，基本保证了各档样板在形态、规格两方面的准确性和相似性。

因款式不同，当某一条样板轮廓弧线较长或弧线曲率非均匀变化时，可以多取一些辅助位置点，以分坐标方式，在分档斜线上取得与其他各点等分的档差点，连接点越多，则轮廓弧线也就愈容易画得准确光滑。但一定要注意分档时与各部位差的比例关系要正确，否则适得其反，当然这都要根据实际情况而定。

第三节　男西服样板推板方法

男西服基础规格最好选择标准男子中间号型，推板档差按工业化要求一般都应采用 5·4 系列，但也可以根据特定产品的需要采用 5·3 系列。推板时应注意号型之间量与型的准确度。

一、按国家标准男子号型列出 5·4 系列男西服中号规格及推板档差表

表 6-1　男西服规格及推板档差表，号型：170/88A

单位：cm

部位	衣长	胸围	总肩宽	腰围	臀围	腰节	袖长	袖口	领大（配套衬衫）
尺寸	76	106	44.5	92	104	44	58.5	15	40
档差	±2	±4	±1.2	±4	±4	±1	±1.5	±0.5	±1

二、单排扣平驳领三枚扣男西服服装样板缩放（推板）

（一）坐标轴及坐标原点

　　主坐标轴原点前片设在胸围线与前宽线的交点上，后片设在胸围线与后中线的交点上，腋下片设在胸围线与省缝的交点上。大袖主坐标设在袖根肥与前袖中线的交点上，小袖主坐标设在袖根肥与小袖缝线的交点上，再确定分坐标点。

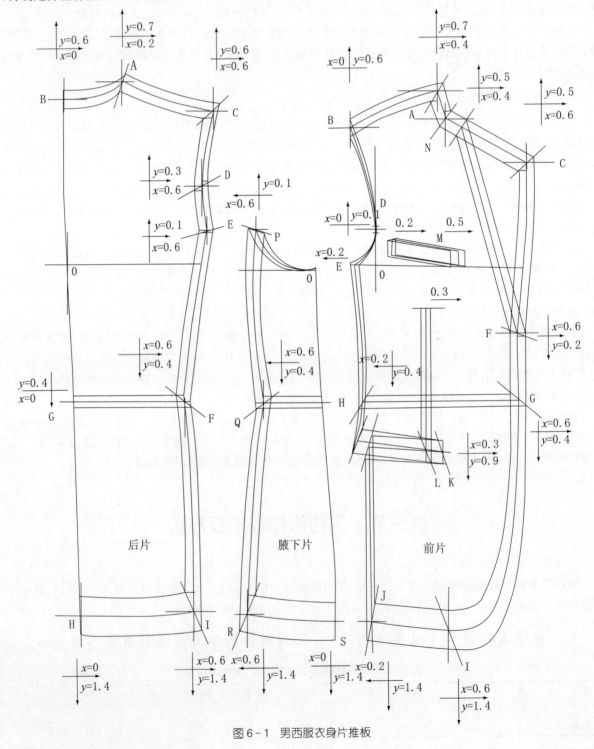

图 6-1　男西服衣身片推板

(二)推板

下面给出各部位档差值的计算,按尺寸在中号样板上绘出放大或缩小的样板(图中坐标箭头方向为大号,反向为缩小号)。

1.后片如图 6-1 左图所示。

(下列序号为推板中的步骤顺序)

①后领深(B):Y 轴为 1.5/10×4(胸围档差)=0.6cm,X 轴为 0。

②颈侧点(A):Y 轴为 0.6+1/40×4(胸围档差)=0.7cm,X 轴 1/5×1(领大档差)=0.2cm。

③落肩(C):Y 轴为 0.7-1/40×4(胸围档差)=0.6cm,X 轴 1/2×1.2(总肩宽档差)=0.6cm 为肩宽部位差。

④后袖窿弧切点(D):Y 轴为 1/2×0.6(落肩差)=0.3cm,X 轴 1.5/10×4(胸围档差)=0.6cm 为后背宽部位差。

⑤后侧缝分切点(E):Y 轴为 1/40×4(胸围档差)=0.1cm,X 轴为 1.5/10×4(胸围档差)=0.6cm。

⑥后侧缝腰节点(F):Y 轴为腰节部位差 1-0.6(后领深部位差)=0.4cm,X 轴同背宽部位差 0.6cm。

⑦后中腰节(G):Y 轴为 0.4cm,X 轴为 0。

⑧后中缝下摆(H):Y 轴为 2(总衣长差)-0.6(后领深部位差)=1.4cm,X 轴为 0。

⑨后侧缝下摆(I):Y 轴 1.4cm,X 轴同后背宽部位差 0.6cm。

2.前片,如图 6-1 右图所示。

①颈侧点(A):Y 轴为 0.7cm,X 轴为 0.4cm 计算方法:前宽差 0.6-前领宽差 0.2=0.4cm。

②落肩(B):Y 轴为 0.6cm,X 轴为 0。

③前驳领嘴(C):Y 轴为 0.7-0.2(前领深部位差)=0.5cm,X 轴 1.5/10×4(胸围档差)=0.6cm 同前宽部位差。

④领口位置(N):Y 轴为 0.5cm 同 C 点,X 轴为 0.4cm 同 A 点 X 轴。

⑤前袖窿弧切点(D):Y 轴为 1/40×4(胸围档差)=0.1cm,X 轴为 0。

⑥前片腋下省位(E):X 轴为 0.2cm。

⑦下驳口位(F):Y 轴为 0.2cm,X 轴为 1.5/10×4(胸围档差)=0.6cm 同前宽部位差。

⑧前腰节位(G):Y 轴同后腰节部位差 0.4cm,X 轴同 F 点为 0.6cm。

⑨前侧缝腰位(H):Y 轴为 0.4cm,X 轴同 E 点为 0.2cm。

⑩下口袋前位(K):Y 轴为腰节部位差 0.4+0.5(袋位差)=0.9cm,X 轴为 1/2×0.6(前宽部位差)=0.3cm,侧缝位 Y 轴为 0.9cm,X 轴为 0.2cm。

⑪前腰省位(L):Y 轴与 X 轴均同 K 点。

⑫前下摆止口位(I):Y 轴为 2(总衣长差)-0.6=1.4cm,X 轴为前宽部位差 0.6cm。

⑬侧缝下摆位(J):Y 轴为 1.4cm,X 轴为 0.2cm。

⑬手巾袋(M):前端 0.5cm,后端 0.2cm,手巾袋部位差 0.3cm,袋高不变。

3.腋下片,如图 6-1 中间图所示。

①腋下片后侧缝(P):Y 轴为 1/40×4(胸围档差)=0.1cm,X 轴为 2(1/2 胸围差)-1.4(前后片已增量)=0.6cm。

②后侧缝腰位(Q):Y 轴为 0.4cm,X 轴为 0.6cm。

③后侧缝下摆位(R):Y 轴为 1.4cm,X 轴为 0.6cm。

④前侧缝下摆位(S):Y 轴为 1.4cm,X 轴为 0。

4.袖片,如图 6-2 所示。

①大袖袖山高位(A):Y 轴为 5/6×0.6(落肩差)=0.5cm,X 轴为 1/2×0.87(袖肥差)=0.435cm。

②大袖后袖山高位(B):Y 轴为 2/3×0.5=0.33cm,X 轴为袖肥差 0.87cm,计算方法采用勾股定理,AH/2 增加 1cm,袖山高增加 0.5cm,袖肥增加量为 0.87cm

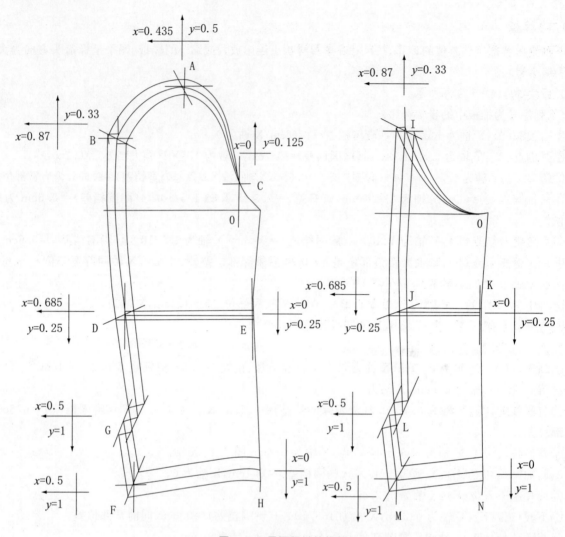

图 6-2　男西服袖片推板

③大袖前袖山位(C)：Y轴为 1/4×0.5＝0.125cm。

④后袖肘位(D)：Y轴为 1/2×1.5(袖长差)－0.5(袖山高差)＝0.25cm，X轴为(0.87＋0.5)/2＝0.685cm。

⑤袖肘位(E)：Y轴为 0.25cm，X轴为 0。

⑥袖开衩(F、G)：Y轴为 1.5(袖长差)－0.5(袖山高差)＝1cm，X轴为 0.5cm 袖口部位差。

⑦前袖缝下部(H)：Y轴为 1cm，X轴为 0。

⑧小袖片上部(I)：Y轴与 X轴同大袖 B点。

⑨小袖袖肘前后(J、K)：Y轴与 X轴同大袖 D、E点。

⑩小袖袖开衩(L、M、N)：Y轴与 X轴同大袖 G、F、H点。

5.领子，如图 6-3 所示。

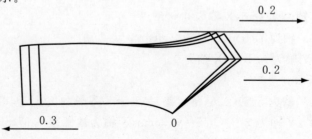

图 6-3　男西服领子推板

1/2 领大差为 0.5cm,其中领后中线为 0.3cm,领尖为 0.2cm,总领宽及前领尖宽不变。

服装样板推板可以采用净板缩放然后加出缝份,也可以直接采用毛板缩放,图 6-4 为按照以上推板方法采用服装 CAD 制作的男西服系列毛板示例。

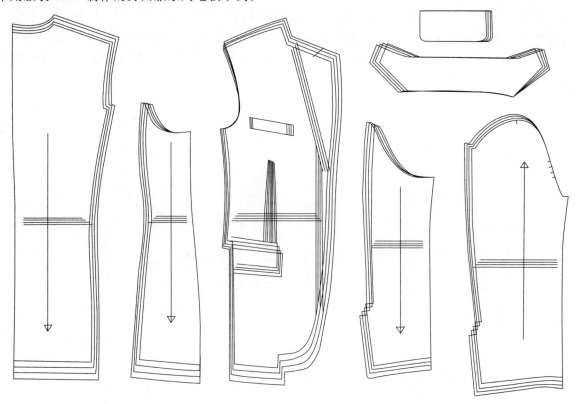

图 6-4　采用服装 CAD 制作的男西服系列毛样板

第四节　男礼服大衣样板推板方法

男礼服大衣基础规格最好选择标准男子中间号型,推板档差按工业化要求一般都应采用 5·4 系列,衣长差要根据衣长与总体身高比例制定,推板时应注意号型之间量与型的准确度。

一、男礼服大衣规格及推板档差表

表 6-2　男礼服大衣规格及推板档差表,号型:170/88A　5·4 系列　　　单位:cm

部位	衣长	胸围	总肩宽	腰围	臀围	腰节	袖长	袖口	领大(衬衫)
尺寸	110	114	45.5	98	120	45	60.5	17	40
档差	±4	±4	±1.2	±4	±4	±1	±1.5	±0.5	±1

二、男礼服大衣推板

坐标轴及坐标原点:主坐标轴原点前片设在胸围线与前宽线的交点上,后片设在胸围线与后中线的交点上。大袖主坐标设在袖根肥与前袖折线的交点上,小袖主坐标设在袖根肥与小袖缝线的交点上,再确定分坐标点。

（一）推板

下面给出各部位档差值的计算,按尺寸在中号样板上绘出放大或缩小的样板(图中坐标箭头方向为大号,反向为缩小号)。

1.后片,如图6-5左图所示。

(上列序号为推板中的步骤顺序)

①后领深(B):Y轴为1.5/10×4(胸围档差)=0.6cm,X轴为0。

②颈侧点(A):Y轴为0.6+1/40×4(胸围档差)=0.7cm,X轴为1/5×1(领大差)=0.2cm。

③落肩(C):Y轴为0.7-1/40×4(胸围档差)=0.6cm,X轴1/2×1.2(总肩宽档差)=0.6cm为肩宽部位差。

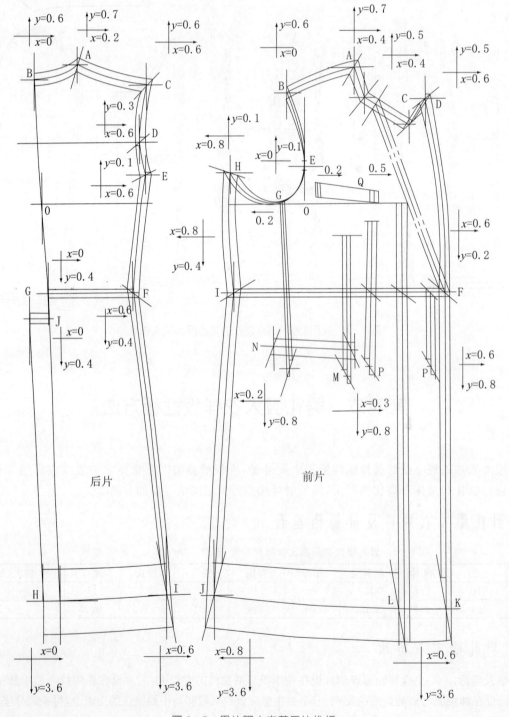

图6-5 男礼服大衣前后片推板

④后背宽(D)：Y轴为 1/2×0.6(落肩差)＝0.3cm,X轴 1.5/10×4(胸围档差)＝0.6cm 为后背宽部位差。

⑤后侧缝分切点(E)：Y轴为 1/40×4(胸围档差)＝0.1cm,X轴为 1.5/10×4(胸围档差)＝0.6cm。

⑥后侧缝腰节点(F)：Y轴为腰节差 1－0.6(上差)＝0.4cm,X轴同后背宽部位差 0.6cm。

⑦后中腰节(G)：Y轴为 0.4cm,X轴为 0。

⑧后中缝下摆(H)：Y轴总衣长差 4－0.6(上差)＝3.6cm,X轴为 0。

⑨后侧缝下摆(I)：Y轴总衣长差 4－0.6(上差)＝3.6cm,X轴为后背宽部位差 0.6cm。

⑩后开衩位置(J)：Y轴为 0.4cm,X轴为 0。

2.前片,如图 6－5 右图所示。

①颈侧点(A)：Y轴为 0.7cm,X轴为前宽差 0.6－0.2(前领宽差)＝0.4cm。

②落肩(B)：Y轴为 0.6cm,X轴为 0。

③前驳嘴(C)：Y轴为 0.7－0.2(前领深部位差)＝0.5cm,X轴为 0.4cm。

④驳领尖位置(D)：Y轴为 0.5cm 同 C 点,X轴为前宽差 0.6cm。

⑤前袖窿弧切点(E)：Y轴为 1/40×4＝0.1cm,X轴为 0。

⑥下驳口位(F)：Y轴为 0.2cm,X轴为 1.5/10×4(胸围档差)＝0.6cm 同前宽部位差

⑦前片腋下省位(G)：X轴为 0.2cm。

⑧腋下后侧缝(H)：Y轴为 1/40×4(胸围档差)＝0.1cm,X轴为 2－1.2(前中加后片增长量)＝0.8cm。

⑨侧缝腰位腰节位(I)：Y轴同后腰节部位差 0.4cm,X轴同 H 点,为 0.8cm。

⑩侧缝下摆位(J)：Y轴总衣长差 4－0.6(上差)＝3.6cm,X轴 0.8cm。

⑪前下摆止口位(K)：Y轴总衣长差 4－0.6(上差)＝3.6cm,X轴为前宽差 0.6cm。

⑫前中线下摆(L)：Y轴总衣长差 4－0.6(上差)＝3.6cm,X轴为前宽差 0.6cm。

⑬下大口袋前位及省位(M)：Y轴为腰节部位差 0.4＋袋位差 0.4＝0.8cm,X轴为 1/2×0.6＝0.3cm。

⑭下大口袋后位及省位(N)：Y轴为腰节部位差 0.4＋袋位差 0.4＝0.8cm,X轴为大口袋部位差 0.5－0.3＝0.2cm。

⑮双排扣位(P)：Y轴为腰节部位差 0.4＋袋位差 0.4＝0.8cm,X轴 0.6cm。

⑯手巾袋(Q)：前端 0.5cm,后端 0.2cm,袋高不变。

3.袖片,如图 6－6 所示。

①大袖袖山高位(A)：Y轴为 4/5×0.6(落肩差)＝0.48cm,X轴为 1/2×1(袖肥差)＝0.5cm。

②大袖后袖山高位(B)：Y轴为 2/3×0.48＝0.32cm,X轴为袖肥差 1cm,计算方法采用勾股定理,AH/2 增加 1cm,袖山高增加 0.48cm,袖肥增加量为 1cm。

③大袖前袖山位(C)：Y轴为 1/4×0.5＝0.12cm,X轴为 0。

④后袖肘位(D)：Y轴为 1/2×1.5(袖长差)－0.48＝0.27cm,X轴为(1＋0.5)/2＝0.75cm。

⑤前袖肘位(E)：Y轴为 0.27cm,X轴为 0。

⑥袖开衩(F,G)：Y轴为 1.5－0.48＝1.02cm,X轴为 0.5cm 袖口差。

⑦前袖缝下部(H)：Y轴为 1.02(cm),X轴为 0。

⑧小袖片上部(I)：Y轴与 X轴同大袖 B 点。

⑨小袖袖肘前后(J、K)：Y轴与 X轴同大袖 D,E 点。

⑩小袖袖开衩(L、M、N)：Y轴与 X轴同大袖 G,F,H 点。

4.领子,如图 6－7 所示。

1/2 领大差为 0.5cm,其中领后中线为 0.3cm,领尖为 0.2cm,总领宽及前领尖宽不变。

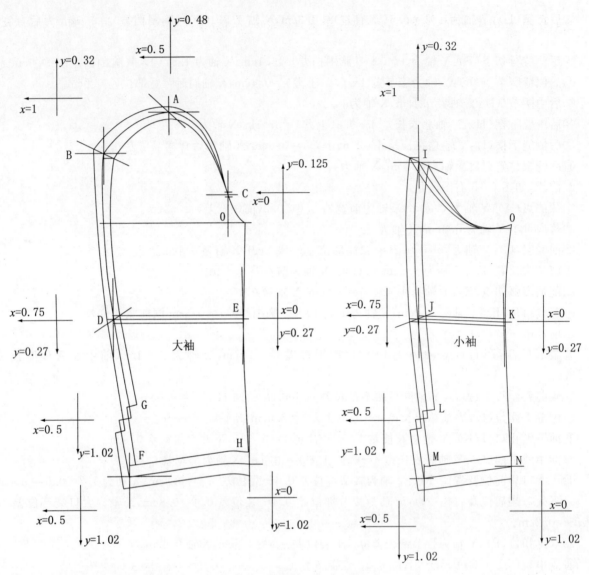

图6-6 男礼服大衣袖片推板

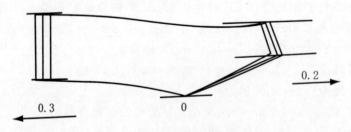

图6-7 男礼服大衣领子推板

三、下图为按照以上缩放方法采用服装 CAD 制作的男礼服大衣样板示例(图 6-8)

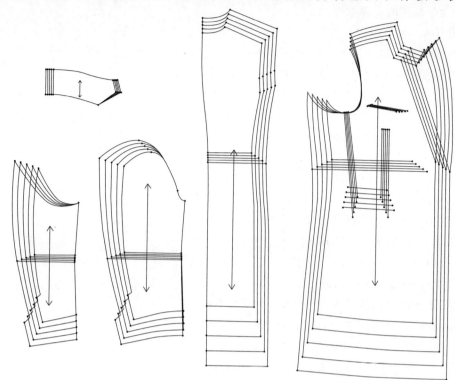

图 6-8　采用服装 CAD 制作的男礼服大衣系列样板

第五节　男西裤样板推板方法

男西裤基础规格选择标准男子中间号型,推板档差按工业化要求一般都应采用 5·2 系列,但也可以根据特定产品的需要采用 5·4 系列。推板时应注意号型之间量与型的准确度。

一、按国家标准男子号型列出 5·2 系列男西裤中号规格及推板档差表

表 6-3　男西裤规格及推板档差表,号型:170/74A　　　　　　　　　　单位:cm

部位	裤长	腰围	臀围	立裆	裤口	腰头宽
尺寸	103	74	104	26.5	24	3
档差	±3	±2	±1.8	±1	±0.5	0

二、男西裤样板缩放(推板)

(一)坐标轴及坐标原点

主坐标轴原点确定在前、后裤片中线与横裆围线的交点上,这样以裤中线为 r 轴向两个纵方向扩缩,以横裆围线为 X 轴向两个横方向扩缩,然后设分坐标点。

(二)推板

下面给出各部位档差值的计算,按尺寸在中号样板上绘出放大或缩小的样板。

(图中坐标箭头方向为放大号,反向为缩小号)。

1. 前片，如图 6-9 所示。

（下列序号为推板中的步骤顺序）

①裤长档差 100/160＝3cm。

裤中线至侧缝（MD）：1.5/10×1.8＝0.27cm。

裤中线至前中线（MC）：1/10×1.8＝0.18cm。

③前小裆部位差（NE）：1/20×1.8＝0.09cm。

④裤线至小裆端点（OE）：MC 部位差 0.18＋NE 部位差 0.09＝0.27cm。

⑤裤线至侧缝（OF）：同 OE 部位差 0.27cm。

⑥腰围肥部位

裤中线至侧缝（KB）：1.5/10×2＝0.3cm。

裤中线至前中线（KA）：1/10×2＝0.2cm。

⑦立裆（OK）按总体高比例计算：15.6/10×5≈0.8cm。

⑧臀高（OM）：1/3×0.8＝0.27cm。

⑨下裆长（OT）：3－0.8＝2.2cm。

⑩中裆长（OP）：1/2×2.2＝1.1cm。

⑪裤口部位，裤中线至两侧缝均为 1/2×0.5＝0.25cm。

⑫中裆部位，裤中线至两侧缝均为 1/2×0.5＝0.25cm。

⑬腰省位（L）：1/2×0.3＝0.15cm。

⑭斜插袋位（R）：同 B 点 0.3cm 或 1/3×0.3＝0.1cm。

袋口下位点（S）同立裆高差或同臀高差。

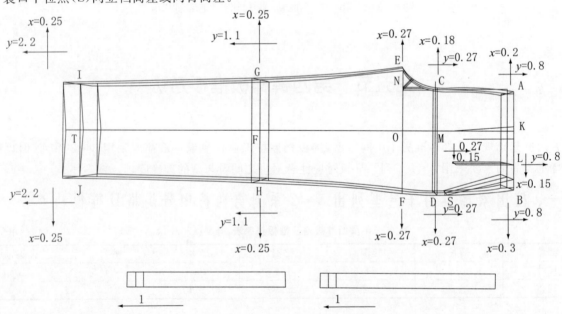

图 6-9　西裤前片推板

2. 后片，如图 6-10 所示。后片裤长、立裆、臀高、下裆长、中裆长度差均同前片，裤口、中裆肥度差均同前片。

①后片臀围部位

裤中线至侧缝（MD）：1.9/10×1.8＝0.342cm。

裤中线至后中线（MC）：0.6/10×1.8＝0.108cm。

②后片腰围部位

裤中线至侧缝（NB）：2.2/10×2＝0.44cm。

裤中线至后中线（NA）：0.3/10×2＝0.06cm。

③大裆宽部位（PE）：1/10×1.8＝0.18cm。

④裤线至大裆端点（OE）：MC部位差0.108＋PE部位差0.18＝0.288cm，裤线至侧缝OF＝0.288cm。

⑤后片大裆起翘高度部位差1/40×1.8＝0.045cm。OA增长量为立裆差0.8＋0.045＝0.845cm。

⑥腰省位（K）：1/2×0.44＝0.22cm。

⑦袋口位同腰口上差0.8cm。

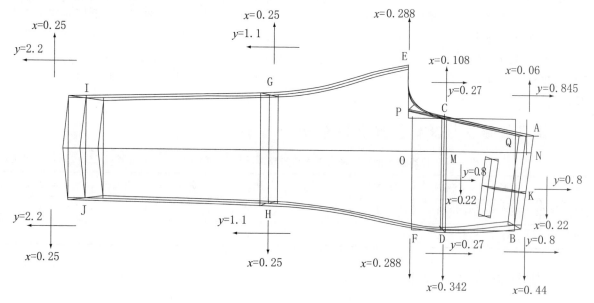

图6-10 西裤后片推板

三、按照以上西裤缩放方法采用服装 CAD 制作的男西裤系列样板示例（图 6-11）

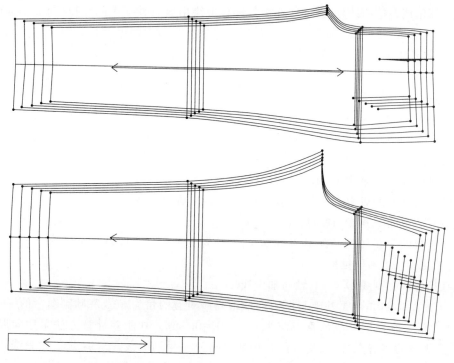

图6-11 采用服装CAD制作的男西裤系列样板

第六节　插肩袖茄克衫推板方法

插肩袖茄克衫选择国家标准男子中间号型,推板档差按工业化要求采用 5·4 系列,衣长差根据衣长与总体身高比例制定,插肩袖推板时应注意衣片肩部与袖子的关系,由于插肩袖的结构制图是将袖子与衣片连接在一起共同完成的,肩部与袖子成为一体袖子,与衣片又为两个部分,衣片的坐标与袖子的坐标分别为两个不同的坐标系,肩部、领子按照衣身片先推放,然后再确立袖子的坐标点推放袖子。因此在推板时肩部的坐标必须同时兼顾两个部分的放缩关系,号型之间量与型要准确无误(图中坐标箭头方向为大号,反向为缩小号)。

一、插肩袖茄克衫规格及推板档差表

表 6-4　插肩袖茄克衫规格及推板档差表,号型:170/88A　　5·4系列　　　　单位:cm

部位	衣长	胸围	总肩宽	摆宽	袖长	袖口	领大	袖头宽
尺寸	65	118	50	45	55	25	40	5
档差	±2	±4	±1.2	±1	±1.5	±0.5	±1	±0

二、插肩袖茄克衫推板

（一）坐标轴及坐标原点

主坐标轴原点后片设在胸围线与后宽线的交点上,前片设在胸围线与前宽线的交点上。后袖片主坐标设在后袖窿线交点上,前袖片主坐标设在袖窿线交点上,再确定分坐标点。

（二）推板

下面给出各部位档差值的计算,按尺寸在中号样板上绘出放大或缩小的样板(图中坐标箭头方向为大号,反向为缩小号)。

（下列序号为推板中的步骤顺序）

1. 后片,如图 6-12 所示。

①主坐标选在胸围线与基础后背宽垂线的交点,O 点。

②后领深(B):Y 轴为 $1.5/10 \times 4 = 0.6$cm,X 轴为后宽部位差 $1.5/10 \times 4 = 0.6$cm。

③颈侧点(A):Y 轴为 $0.6 + 1/40 \times 4$(后领翘差)$= 0.7$cm,X 轴为 $0.6 - 1/5 \times 1$(后领宽差$= 0.4$cm)。

④落肩(c):Y 轴为 $0.7 - 1/40 \times 4$ (后落肩部位差)$= 0.6$cm,X 轴为 0。

⑤后片胸围侧缝(D):X 轴为 $1 - 1.5/10 \times 4$(后宽差)$= 0.4$cm。

⑥后片侧缝下摆(E):Y 轴总衣长差 $2 - 0.6 = 1.4$cm,X 轴为 0.4cm。

⑦后中缝(9):Y 轴同 E 点,X 轴为后宽差 0.6cm。

⑧插肩袖分割线(G):Y 轴同领深 B 点 0.6cm,X 轴为 $1/3 \times 0.6 = 0.2$cm。

2. 后袖片,如图 6-12 袖子推板。

主坐标选在插肩袖分割线 O′点,Y 轴与袖中线平行。

袖山高差为 0.5cm,这是由于基础制图中的袖山高所对应的角为 30°,基础制图中的 AH/2 增长量为 1cm。直角三角形正弦值为 0.5,故计算方法为 $1 \times 0.5 = 0.5$cm。袖肥差计算方法采用勾股定理,求出为 0.87cm。从已推放好的落肩点做大、小号的袖中线平行于中号袖中线。从肩点 C 做垂线于大、小号袖中线,其纵向高度为 0.3cm,袖中线的平行间距为 0.52cm。由此得到袖山高已长出 0.3cm,袖肥已长出

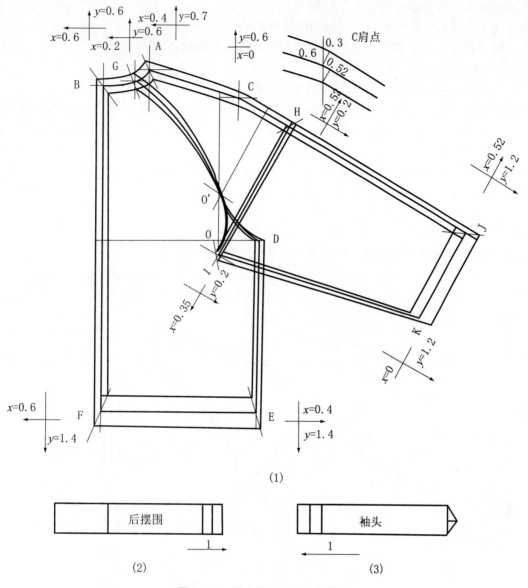

图6-12 插肩袖后片及袖子推板

0.52cm,因此袖山高与袖肥要根据已长出的量再推算出其他部位的档差。

①袖肥点(H):Y轴为袖山高差0.5－0.3(肩点已长出的量)＝0.2cm,X轴为0.52cm。

②袖肥点(I):Y轴为0.2cm,X轴为袖肥差0.87－0.52(H点已长出的量)＝0.35cm。

③袖口肥点(J):Y轴为袖长差1.5－0.3(肩点已长出的袖山高量)＝1.2cm,X轴为0.52cm。

④袖口肥点(K):Y轴为1.2cm,X轴为0或反方向0.02cm。

⑤后下摆围片:其宽度不变,肥度增长1cm。

袖头片:其宽度不变,长度增长1cm。

3.前衣身片,如图6-13所示。

①主坐标选在胸围线与基础前胸宽垂线的交点,O点。

②颈侧点(A):Y轴同后颈侧点为0.7cm,X轴为前胸差1.5/10×4－1/5×1(前领宽差)＝0.4cm。

③前领深点(B):Y轴为0.7－1/5×1(前领深差)＝0.5cm,X轴为前宽差1.5/10×4＝0.6cm。

④前落肩点(C):Y轴为0.7－1/40×4(落肩差)＝0.6cm,X轴为0。

⑤胸围侧缝点(D):X轴为1－0.6(前宽差)＝0.4cm。

⑥下摆侧缝点(E)：Y轴为1.4cm，X轴同D点0.4cm。

⑦前中线下摆(F)：Y轴为1.4cm，X轴为前宽差0.6cm。

⑧插肩袖分割点(G)：Y轴为(0.7＋0.5)×1/2＝0.6cm，X轴同A点0.4cm。

4.前袖片，如图6－13(1)所示。

主坐标选在插肩袖分割线O′点，Y轴与袖中线平行。

从已推放好的落肩点做大、小号的袖中线，平行于中号袖中线。从肩点C做垂线于大、小袖中线，其纵向高度为0.45cm，袖中线的平行间距为0.4cm。由此得到袖山高已长出0.45cm，袖肥已长出0.4cm，因此袖山高还需从袖肥线向下推出0.5－0.45＝0.05cm，袖肥还需要从袖肥侧缝点推出0.86－0.4＝0.46cm。

①袖肥点(H)：Y轴为袖山高差0.5－0.45＝0.05cm，X轴为0.4cm。

②袖肥点(I)：Y轴为0.05cm，X轴为袖肥差0.87－0.4＝0.47cm。

③袖口肥点(J)：Y轴为袖长差1.5－0.45＝1.05cm，X轴为0.4cm。

④袖口肥点(K)：Y轴为1.02cm，X轴为0.5－0.4＝0.1cm。

⑤前下摆围片：其高度不变，肥度增长1cm，如图6－13(2)所示。

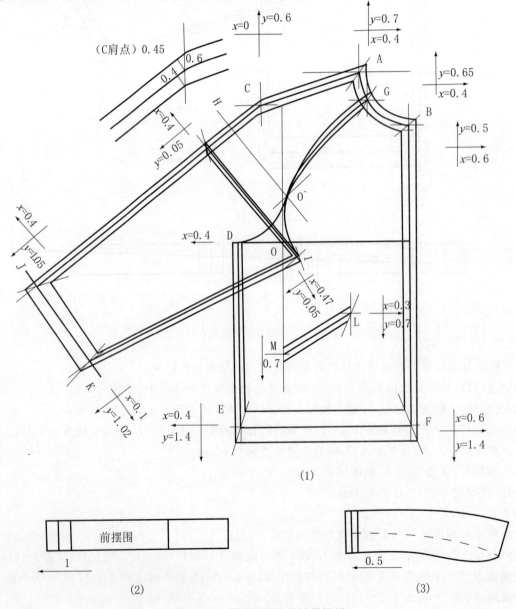

(1)

(2)   (3)

图6－13　插肩袖前片及袖子推板

5.领子,如图 6 - 13(3)所示。

总领宽不变,前领型不变,1/2 领下口增长 0.5cm。

以上推板示例全部是在净板上进行推放,实际操作时也可在毛板上推放,其中应包括里子衬板及零部件的样板,基本方法、原理相同。图中只绘制了中号、最大号与最小号推板图。

三、下图为按照以上茄克缩放方法采用服装 CAD 制作的插肩袖茄克系列样板示例(图 6 - 14)

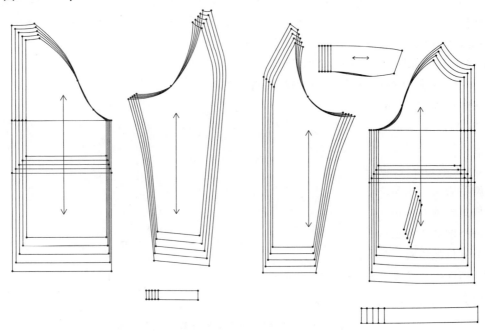

图 6 - 14　采用服装 CAD 制作的插肩袖茄克系列样板

第七节　男装样板放缩保型性研究

服装推板主要以保证各号服装在款式造型上基本一致及各系列号型的规格尺寸准确无误,这就要求中号基础标准板在进行结构设计时,服装各控制部位与人体的各相关部位应紧密联系。尽管取得基础标准板的方法各异,但最终中号基础标准板一但确定,在样板上各部位形成的比例关系,无论号型变化多少,都应协调一致,才能做到保"型"保"量"。下面就主要问题做进一步研讨。

一、西服上衣类服装的保型问题

从上衣类服装基本结构来分析,胸围、前胸宽、后背宽、袖窿底、前袖山高、后袖山高、袖窿弧线长这些部位是紧密相关的。前后衣片成型后,形成的袖窿及与之相吻合的袖子在上衣的构成中是最关键的,其中包括插肩袖应是讨论重点。

(一)袖窿与袖山的推放

在讨论各款式中的袖窿与袖山的推放变化之前,我们首先要了解袖窿的形状,如男西服,前胸宽、后背宽制约着袖窿底宽,在一般制图中,我们可以用袖窿底宽与袖窿均深的比值来控制袖窿的形状,这样袖窿缝合后才能形成一个理想状态,款式不同,胸围线上的前、宽、后宽的公式设置不同,会制定出不同的袖窿底宽,袖窿弧形成的袖窿圆的理想状态也是大不相同。越是宽松型服装,袖窿底与袖窿均深的比值越大,相对越合体型其比值就小,且限定在一定的合理范围中,它将是袖山型的依据。

袖窿底与袖窿均深的比例关系,使我们能限定出它的形状。合体类的服装结构,其袖窿底宽基本应该占前、后袖窿均深的 65%,形态既符合人体臂根的基本形和功能需要,又能满足高袖山袖的造型需要。

男西服袖窿圆高与成型后的袖山圆高应该比较接近,吻合性好。这就决定了推放样板时袖山高的变化必须从袖窿圆高的变化出发,否则就会出现推放后的袖山与袖窿型不匹配的情况。

在推放样板时,袖窿圆的形和高的变化受袖窿底、前袖窿深、后袖窿深的每档部位差增减量的影响,那么在设置与之相关的前胸宽、后背宽、落肩、袖窿深的比例计算公式时,要充分考虑其每档的变形问题,这时除按公式确定部位差的具体扩缩数值外,也可适当调整部位差的数值,以确保袖窿底与袖窿均深的比例关系的正确,从而合理地推放袖山。

例如:男西服中号标准板 170/88A,成品胸围 106cm。

袖窿底 14.3cm,前、后袖窿均深 22cm,袖窿底占袖窿均深的 65%。

那么袖窿圆高为 18.5cm;

袖窿周长(AH)为 52cm;

袖山高为 AH/2×0.7(正弦)=18.2cm;

如果按 5·4 系列推板,设:

前宽部位差增减 0.6cm;

后宽部位差增减 0.6cm;

袖窿底每档增减 0.8cm;

袖窿深上差每档增减 0.7cm。

则落肩每档部位差为终点差 0.7-0.1=0.6cm。

其结果如表 6-5:

表 6-5　男西服 5·4 系列推档数值比较　　　　　　　　　　　　单位:cm

胸围(成品)	袖窿底宽	袖窿均深	比　值	袖窿圆高	袖窿弧长	袖山高
98	12.9	20.8	0.62	17.12	48.95	17.13
102	13.5	21.4	0.63	17.55	50.49	17.67
106	14.3	22	0.65	17.9	52	18.2
110	15.1	22.6	0.67	18.3	53.81	18.83
114	15.9	23.2	0.69	18.65	55.4	19.39

显然按照 5·4 系列推板时窿底宽每档增减 0.8cm,袖窿均深每档增减 0.6cm 时,比值发生了变化,采用相同的袖山高的计算方法,袖山高增长速度超过袖窿圆高,从中号往小号推,其袖窿圆高和袖山高误差较少。从中号往大号越推袖窿圆高和袖山高误差越大。如果要解决这个问题需要适当增加袖窿均深每档差或调整前后宽差,减少袖窿底每档差,才能减少比值的误差。但随着胸围的增大,如果每一号型的袖窿都保持相同的正比的状态,并不符合人体的变化规律。

因此男西服采用计算公式计算出推档的部位差,袖窿底每档增减 0.8cm。前后袖窿均深每档增减 0.6cm。基本符合人体与版型的要求,但在推放缩袖山和袖肥时,为保证袖窿圆高与袖山高的变化数据误差就必须通过合理的公式设置。确定好各部位差之间的关系,尽量减少推档后的误差,尤其是袖窿圆形态与袖圆形态。从小号到大号袖窿底宽与袖窿均深的比例关系在尽量基本一致的要求下,与之形成的袖窿圆高、袖山高的增减量相应也是相互匹配合理的,在调整"型"的关系时,同时要注意主要规格"量"的正确。

二、插肩袖款式推放

插肩袖由于其袖子的特殊位置,导致袖片推板较为复杂。它的直观推法是在基础中号制图中,将袖子与前、后身联合画出后,根据肩斜角度、袖中线与肩线延长的夹角度数及袖山高、袖肥的关系,首先选择前后身主坐标点,推放前、后身片的档差,其中包括连袖的前肩部分。其后在袖子部位再选择一个主坐标点,推放时要受到前身已经推放好的落肩部位差、肩宽部位差的制约。此法虽有小的误差,但保"型"性是比较好的。

另外,在应用CAD辅助推板时,现有推板系统对一个样片只能做一个固定坐标方向(一般以布放方向为主坐标Y轴方向)的推档,这时就要将落肩角度、袖中线与肩斜线延长线之间的夹角角度换算到袖坐标上去,这几个换算过程均十分复杂。

三、裤子推放关键部位

下装类服装主要是裤子的基本结构比较复杂,组成下体的腰围、臀围、横档围,大、小档宽、裤窿门、大档斜线长、大档斜度及立档高、臀高、前、后裤片由裤线所分配的两边的长度关系都是紧密相关。裤子板的各部位差的制定主要应围绕人体的自然生长规律。抓住主要的衣片结构特点,找出推放的合理性原则。

从基本版型看,男女西裤的大档斜线存在较明显的区别,男裤的大档斜线更为倾斜一些。这是因为男体的骨盆窄而厚,立档较短,臀高线约在2/3立档(净体)处,一般中间体取$16\sim18$cm。在相同臀围的情况下,男西裤大档斜度应比女西裤更大些。

腰围、臀围、立档的推档差数的总"量"是非常重要的,但"量"在裤线两侧再分配的问题上则需要注意,大档斜线向大尺码推,越推斜度应越大,向小尺码推斜度越小。一般就标准体而言,臀围增大导致臀高的相应增加,所以大档斜线斜度的正确变化应是越往大尺码推越大,而不是减小,结构的关键部位大档斜线斜度随尺码的增减相应变化,推放缩方法要符合人体变化的特征,才能符合结构的正确性。满足推档差数的"量"又保证了人体的型。

大档斜线的长度除受斜度影响外,同时大档斜线起点位置起翘量的增减,也可从人体和款型出发,设置公式进行调整,与大档斜线斜度的变化共同确定斜线长度部位差的增减,从而符合人体臀形的合理变化规律。

四、推板方法的比较及问题分析

服装工业制板有关推放样板的方法技术虽在国内有几十年历史,各公司,企业的技术人员均有各自的一套缩放格式,但大多数是来自经验推放,有的套用日本推板放码方法,各有优劣。因服装工艺方法基本是相通的,制板的原理都离不开人体,推放板的思路基本也是一致的,但某些环节还是不尽相同的。

(一)推放码体系的异同分析

从文化式原型推放体系来看,因原型制图本身是用比例分配的方法确立的,上衣原型只有胸围和背部两个实际基本量,将测量尺寸降到了最少的范围,其他各类服装的控制部位如肩宽、袖窿深、前胸宽、后背宽、领宽、领深、落肩、省宽量等都是依据胸围设置的比例公式取得的。故原型推放方法,各部位差也是按照公式设置的比例经计算确定的。

按照5·4系列计算出的各部位档差:

前胸宽、后背宽的部位为$1/6\times4=0.66$cm;

1/4胸围部位差等于1cm;

胸围线以上即袖窿深部位差0.66cm;

前领宽部位差$1/12\times4=0.33$cm;

前领深部位差$1/12\times4=0.33$cm;

后领宽部位差$1/12\times4=0.33$cm;

后领深部位差$0.33/3=0.11$cm;

前、后1/2肩宽部位差$1/6\times4=0.66$cm;

前、后落肩部位差 1/6×4＝0.66cm；

前、后袖窿弧切点 0.22cm；

胸围线以下长度差为 1－0.66＝0.34cm；

1/4 腰围部位差 1cm。

文化式成衣推放基本按原型的比例计算方法进行，成衣的细部规格设置比较少，例如领大档差、肩宽档差、落肩档差等都没有设量，肩宽差是按胸围的比例关系计算出来的，前领宽、后领宽按胸围比例计算，而前领深、后领深又按背长差的比例关系计算，落肩也按背长近似比例计算。

其结果是领大每档围度差不太明确，肩宽部位差定数较死板，落肩角度各号没有变化，后领深（领翘）各号也没有变化。虽然推档计算较简单，但细节处理不是很严谨，尤其是落肩、后领翘，从人体体型上来看应在样板上有相应变化。但前后宽及袖窿底的部位差分配比例较合理，与之相关的肩点部位差增减量，共同构成袖窿底与袖窿均深的比例关系，保型性较理想。

上衣类的推放方法，重点在保型方面，除注重总体关系的比例准确外，其细节也是要认真考虑的。例如肩宽差不仅与胸围还应与身高有相应的关系。肩宽应该具有独立的变化量较好，领围、落肩也是同样的道理。关键细节部位差的独立准确设置是很有必要的。我国号型标准制定了相应的标准，如果套用文化式的方法，显然肩宽与领大都超过了我们制定的号型尺寸。

从裤子的推板方法看，参照有关文化式推放比例分析：其方法整体裤片以 12 等分为依据，设定裤子的裤线为基准线，前片裤线到臀围前中线部位和后片裤线到臀围后中线部位，推档数值均采用 1/12 臀围差的计算来制定，相应前片裤线到前中线腰围部分和后片裤线到后中线腰围部位推档数值也均按 1/12 腰围差计算来制定，且后片大裆斜线起翘量无变化量。采用这一比例推放的结果，问题会出现在大裆斜线的角度与长度的变量上。合理的后裤片放缩后应该保障的是臀围增大，臀部厚度增高，由于臀高越高，裤片大裆斜线应越变斜、增长，以满足人体臀部自然生长变化规律。按此比例推档，其结果是腰部后中增长量大于臀部后中增长量，号越大误差则越明显，裤片的保型性很难保证。可以说裤子推档采用 12 等分的简单分配方法有待商榷，并非合理。

另外裤口部位差裤线两侧完全按侧缝计算出的部分档差推放也难保证裤口的造型不变。

(二)其他推放板方法分析

国内其他推放经验法很多如"等分绘制法"或叫"逐次推档法"。在绘制基准样板时，只需绘出选定号型的最小规格和最大规格，然后选定公共坐标线，根据选定的公共坐标线，在画好的大号衣片上再画出小号衣片，然后将大、小号衣片的各对应端点，定位点都用直线连接，并将各直线作等分，连接各点参照基础样板各部位的线条，画成直线或弧线曲线，便完成分档样板的绘制。

此法重要的是选择好公共坐标线，绘制过程比较简单，此种方法要求首先要绘制大、小号两套标准基础板，对于简单款式或宽松款式是可行的，但如果款式复杂，本身绘制两套号型板就比较费时麻烦，容易产生误差，在等分过程中其各号关系也不尽准确。此法在计算和推放码技术的应用上也较费时，缺少科学性，故不足取。

为了保障工业制板的准确性，立体推板方法目前正在发展研究中，其原理是在充分研究人体三维立体塑型的基础上，建立更加科学性的数据关系，以最大限度地保障服装造型的准确性。

(三)存在的问题

工业成衣生产在发达国家都有其严格的号型及技术标准，每个种类的服装还有更具体细致的质量控制标准体系。就我国目前成衣生产状况看，成衣生产规格主要应按国家技术监督局颁布的统一号型去制定。成衣质量标准也要按国家标准去执行，以使商业部门、消费者买卖方便。这将有利于服装技术的交流并逐步与国际服装工业生产技术接轨。但由于我国的号型标准虽然经过十几年的使用及修正，1997 年重新发布了号型标准，但在真正实施的过程中还有很多问题，这主要是由于国家号型标准与先进国家相比还有很多地方不完善、不全面。尤其面对我国这样一个人口众多、体型复杂的局面，号型标准显然局限性太小,有待进一步改进完善。

　　另外,一些生产厂家在生产过程中也未能完全按国家号型要求制定技术标准,号型设置不规范,必然导致系列号型样板的不准确。成衣号型尺度往往自行其是,这本身就造成市场混乱,使伪劣商品有可乘之机,使消费者无所适从,损坏了商品形象。这往往是一些投机商或短见商家的行为所致。

　　由此看来,要想使我国成衣生产达到一个更高水平,跻身到国际先进服装生产技术的行列,首先要从基础做起,建立起我国高水准的技术生产质量标准。努力改善生产设备,加强技术交流,培养起一支高素质的服装技术人员队伍是当务之急。

五、系列样板的技术管理

　　样板的检查复核。工业生产的每一个环节都必须按照严格的品质控制技术标准进行检查,检查应贯穿于生产总过程。在每一套样板制作完成后,也应按一定的程序实行品质控制,遵守标准作业,但有时也会出现差错,因此检查复核是十分必要的。

　　样板的检查首先要进行自检,要认真核对工艺技术文件中制板的要求及规格制造单、款式效果图、标准样衣及产品裁剪缝制标准。尤其是对初次投产的产品,需从生产工艺方面结合样板的标准,检查其合理性,以防裁剪缝制错误,提高生产效率,把好质量第一关。然后是与他人互检、复核,其内容主要包括以下几个方面:

　　(1)按照工艺技术文件所规定的该产品系列样板的标准,对每套样板的号型、规格尺寸做总体的检查,确定其合理性,然后逐一对每一号样板相关的具体各部位的尺寸进行检查,检查服装的各控制部位及细部规格是否符合预定规格,对各部位之间与装配线的长度的吻合、对位标记间的长度缝制配合等逐一进行校对。同时结合缝制标准,检查本厂设备、技术条件等方面与样板的毛缝宽度是否相适应,是否规范。

　　(2)检查各部件的总数量及部件的结构是否合理,各细部的组合形式是否清楚,样板的轮廓线是否光滑流畅,沿边缘画线准确程度如何,尤其是在弧线外沿不能有丝毫凸凹现象,角度组合后曲线是否光滑。

　　(3)检查每档样板的面料板、里料板、衬布板、袋布板、装饰材料用板等原辅料板及工具样板等是否齐全,样板上的文字说明、品号、规格、片数等是否完整,有无遗漏。

后记

当今男装国际化已成为趋势,如何使中国的男装设计、技术、生产水平融合于国际,真正跻身于世界高水平,彻底摘掉"品牌小国加工大国"的帽子,业界同仁都在为此共同努力。笔者从业服装30余年,现就职于北京服装学院,执教服装技术工作近20年来,孜孜以求,倾注大量心血于男装结构与工艺的研究,也正在于此目的。

呈现给读者的这本教材力求试图从国内外前辈们对服装的探究中,吸取营养,优化正确,摒弃错误。总结历年的授课实践经验,以开辟的服装结构研究的科学途径、理论体系和规范的男装教程、教学方法来撰写。书中讲授的内容在服装本科、硕士研究生和进修班的反复教学实践中均取得了满意的效果。根据教材构建的男装技术样板在实际生产中也获得了服装企业应用者的认同与好评。

参写编写的有周锐锐、孙薇,协助编写的还有我的朋友和学生王键、王彬、耿洁。另外东华大学出版社谢未编辑为本书的编辑、审核付出了大量心血,在此一并表示感谢。尽管编著者投入较大精力,但定会有不足之处,故期盼专家、同行、服装爱好者和朋友们的批评与指正。服装是时代的脉搏,社会在发展,服装技术也必定在不断地丰富与变化中,服装设计技术工作者必须紧按脉搏才能跟上快步发展的需要,绝不能有任何懈怠,只有不断努力,才能不辱使命。

孙兆全

2009 年 5 月 10 日于北京

参考文献

1.（日）中泽愈. 人体与服装. 北京：中国纺织出版社,2004

2.张乃仁,杨蔼琪. 外国服装艺术史. 北京：人民美术出版社,1997

3.龙晋,静子. 服装设计裁剪大全. 北京：中国纺织出版社,1994

4.孙兆全,赵欲晓. 服装工艺. 北京：高等教育出版社,2002

5.孙兆全,姜蕾. 服装设计定制工. 北京：中国劳动社会保障出版社,2003